CONTENTS

1 セメント編

2 コンクリート編

3 産業編

4 資料編

1 セメントとは

1.1 セメントとは

セメントは、コンクリートを作るための材料の一つで灰色の粉末である。英和辞典によれば、名詞の項に「セメント、洋灰☞portland cement、セメントのような接着剤、硬化材、結合、友情などのきずな」、動詞の項に「セメントを塗る、セメントで固める、接合する、堅く結びつける」などとある。次に、参照記号「☞」のある「ポルトランドセメント(portland cement)」を見ると、「石灰岩と粘土を混ぜて焼いたものを粉砕したもの」とある。ここには、さらに「その凝固したものの色や硬さがイギリスのポルトランド岬から産出される建築材「ポルトランドストーン」によく似ていることから、セメントのことをポルトランドセメントという」との記述も見られる。

1.2 セメントの分類

セメントは日本工業規格(JIS)で品質が規定されている「ポルトランドセメント」「混合セメント(高炉セメント、シリカセメント、フライアッシュセメント)」、「エコセメント」と、「それ以外のセメント」に大別される。

なお、「それ以外のセメント」の分類のしかたは種々考えられるが、ここでは「特殊なセメント」および「セメント系固化材」に分類している。

表1-1にセメントの分類を示す。これらのセメントは目的に応じて使い分けられている。

表1-1　セメントの分類

セメントの分類				規格番号	参照ページ
JISに品質が規定されているセメント	ポルトランドセメント	普通ポルトランドセメント	同・低アルカリ形	JIS R 5210	13~15ページ
		早強ポルトランドセメント	同・低アルカリ形		
		超早強ポルトランドセメント	同・低アルカリ形		
		中庸熱ポルトランドセメント	同・低アルカリ形		
		低熱ポルトランドセメント	同・低アルカリ形		
		耐硫酸塩ポルトランドセメント	同・低アルカリ形		
	混合セメント	高炉セメント(A、B、C種)		JIS R 5211	15ページ
		シリカセメント(A、B、C種)		JIS R 5212	
		フライアッシュセメント(A、B、C種)		JIS R 5213	
	エコセメント	普通エコセメント、速硬エコセメント		JIS R 5214	16ページ
それ以外のセメント	特殊なセメント	膨張セメント、三成分系の低発熱セメント、油井・地熱井セメント、アルミナセメント、など		−	16~18ページ
	セメント系固化材	一般軟弱土用、特殊土用、高有機質土用、発塵抑制型		−	21ページ

写真1-1 セメント

2 セメントができるまで

2.1 原料

2.1.1 クリンカーの原料

クリンカーの原料は、石灰石類（写真1-2）、粘土類、けい石類、鉄原料（銅からみ、硫化鉄鉱からみ等）に分類される。

これらの原料のほとんどは国内で入手でき、とくに一番多量に使う石灰石は、北海道から沖縄県までの全国各地に高品位の石灰石鉱山が点在している。

写真1-2 セメントの主原料「石灰石」

写真1-3 セメントの中間製品「クリンカー」

粘土類としては、酸化アルミニウム、二酸化けい素（「シリカ」ともいう）の含有量の多いけい酸質の粘土やけつ岩などが使用される。製鉄所で銑鉄をつくるときに副産物として出る高炉スラグ、火力発電所で微粉炭を燃焼したあとの灰分であるフライアッシュなども粘土類の原料として使用される。

また、鉄原料は粘土類の原料中の酸化鉄含有量が不足しているときに使われる。

2.1.2 せっこう

せっこうはセメントの硬化速度を調整するためのもので、火力発電所などの排煙脱硫で発生する排脱せっこうや、いろいろな化学工業から発生する副産せっこうが使用される。

2.1.3 混合材と少量混合成分

「混合材」は混合セメントを製造するときに使用される材料で、高炉スラグ、シリカ質混合材、およびフライアッシュである。

「少量混合成分」は2009年のJIS改正により導入された用語で、ポルトランドセメントおよび混合セメントの規格で規定されている。JIS R 5210「ポルトランドセメント」では、普通、早強および超早強ポルトランドセメントを製造するときに、セメント質量の5%まで混合することが認められている（詳細は13ページ、図1-8参照）。

2.1.4 原料原単位

1tのセメントを製造するのに使用される原料の量を原料原単位という。原料原単位を表1-4（3ページ）に示す。

表1-2　セメントの製造に必要な各種原料の主成分

原料 ＼ 化学成分	酸化カルシウム CaO(%)	二酸化けい素 SiO_2(%)	酸化アルミニウム Al_2O_3(%)	酸化第二鉄 Fe_2O_3(%)	三酸化硫黄 SO_3(%)	二酸化炭素 CO_2(%)	備考
石灰石類	47~55					37~43	二酸化炭素は原料として使わない。
粘土類[1)]		45~78(30~57)	10~26(12~32)	3~9			
けい石類		77~96					
鉄原料				40~90			
せっこう[2)]					37~59		

注:1）粘土類の原料としては、天然のもの以外に石炭灰なども使用され、それらの成分については（　）内に示した。
　2）セメントの製造に使うせっこうとしては、排煙脱硫、リン酸製造あるいはチタン精錬などの副産せっこうが多量に使用されている。

表1-3　セメントの主成分

原料 ＼ 化学成分	酸化カルシウム CaO(%)	二酸化けい素 SiO_2(%)	酸化アルミニウム Al_2O_3(%)	酸化第二鉄 Fe_2O_3(%)	三酸化硫黄 SO_3(%)	その他の化学成分
普通ポルトランドセメント	63~65	20~23	3.8~5.8	2.5~3.6	1.5~2.3	セメントは、少量の酸化マグネシウム(MgO) 酸化ナトリウム(Na_2O) 酸化カリウム(K_2O) 一酸化マンガン(MnO) 五酸化りん(P_2O_5)なども含んでいる。
早強ポルトランドセメント	64~66	20~22	4.0~5.2	2.3~3.3	2.5~3.3	
高炉セメント（B種）	52~58	24~27	7.0~9.5	1.6~2.5	1.2~2.6	

2.2 セメントの製造工程

セメントの製造工程は、クリンカーを製造する工程とクリンカーにせっこう、混合材ならびに少量混合成分を加えセメントに仕上げる工程（「仕上げ工程」）からなる。

クリンカーを製造する工程は「原料（粉砕）工程」と「（クリンカー）焼成工程」からなる。各工程の概要は図1-1のとおりである。

表1-4　セメント1tをつくるのに
必要な原料原単位・エネルギー原単位（2018年度）

原　料(kg)	
石　灰　石　類	1,194
粘　　土　　類	228
け　い　石　類	71
鉄　　原　　料	28
せ　っ　こ　う	39
計	1,560

エネルギー	
熱エネルギー（kg）	111.2
電力エネルギー（kWh）	107.0

注:1）熱エネルギーは石炭換算値（25.95MJ/kg）
2）熱エネルギーにはセメント製造用の石炭も含まれている
3）電力エネルギーは使用ベース

2.2.1 原料（粉砕）工程

石灰石類、粘土類、けい石類、鉄原料等を所定の化学組成となるよう調合する。調合した原料は、「原料粉砕機」（『原料ミル』ともいう）で乾燥され細かく粉砕する。この工程を「原料（粉砕）工程」といい、粉砕されたものを「調合原料」と呼ぶ。

原料粉砕機は現在、①乾燥、②粉砕、③粗粉と微粉との分級の3つの機能を合わせもつ「たて型ミル」（写真1-4）が主流となっている。たて型ミルは水平回転するテーブルと、その上面に沿って取り付けられたローラーとの間で原料を粉砕する。

この工程は、セメントの成分を大きく左右するので、各原料ならびに調合原料を蛍光X線分析装置により迅速な成分チェックを行い、厳重な調合管理が必要となる。

2.2.2 （クリンカー）焼成工程

原料（粉砕）工程で得られた調合原料を焼成してクリンカーにする工程を「（クリンカー）焼成工程」という。図1-2は焼成工程における調合原料がクリンカーとなる過程を示したものである。

クリンカーの焼成は、セメント製造の中心的な工程で、回転窯（『ロータリーキルン』あるいは単に『キルン』ともいう）で行う。日本のセメント工場では、焼成効率を向上させるために、調合原料を直接回転窯に送り込むのではなく、

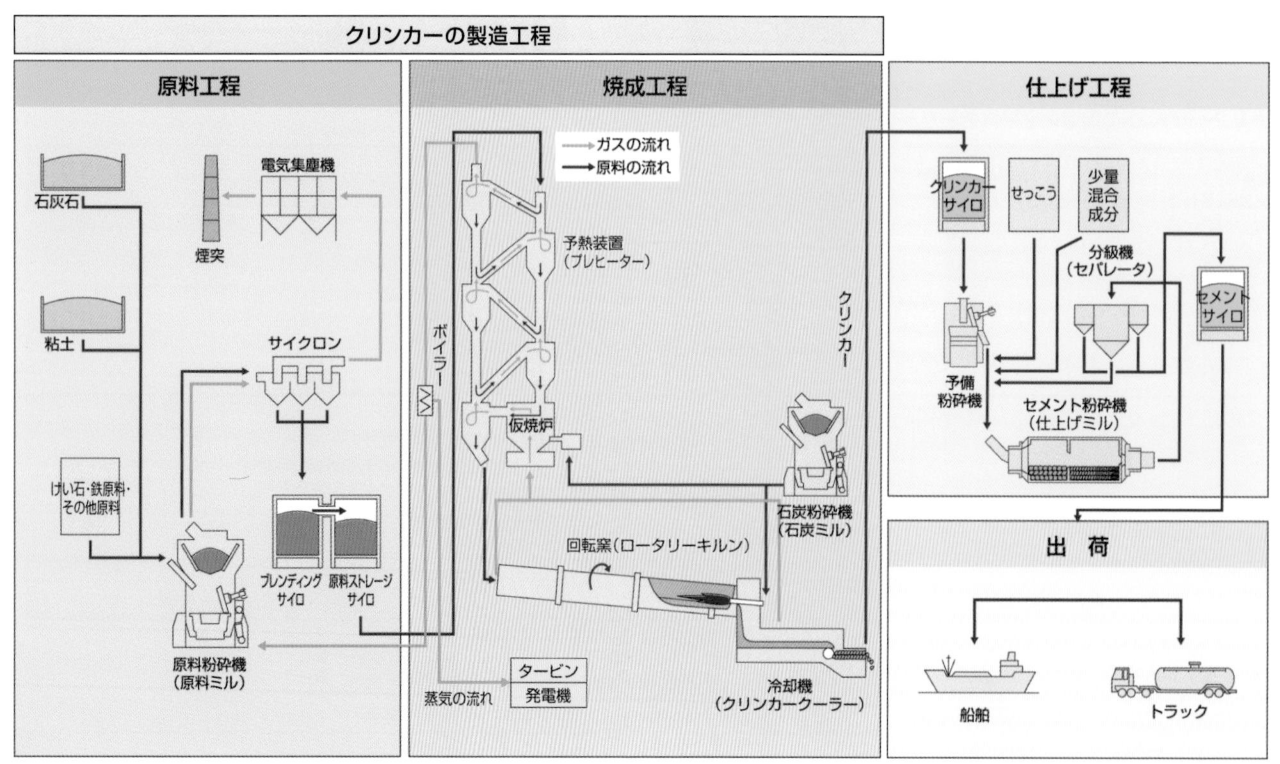

図1-1　ポルトランドセメントの製造工程

予熱装置（プレヒーター）を通過させてから送り込む方式を採用しているのが一般的である。

(1) 予熱装置

調合原料が予熱装置を通過し、回転窯に入る際の温度は800～900℃に達する。この間に、調合原料中の石灰石の主成分である炭酸カルシウムの大部分は酸化カルシウムと二酸化炭素に分解する（仮焼）。なお、予熱装置には、「SP方式」と「NSP方式」の2つのタイプがある。

写真1-4 たて型ミル

写真1-5 セメント工場の製造設備配置の一例

(2)回転窯での焼成過程

予熱装置を経て仮焼された調合原料は、ただちに回転窯(写真1-6、1-8)に入る。回転窯は、直径4~6m程度、長さ60~100m程度の円筒形を横に置いたような形状であり、鋼鉄でできている。回転窯の内部は、隙間なく耐火れんがが張り付けてあり、高温に耐える構造になっている。

回転窯は、3~5%の傾斜をつけてあり、1分間に2~3回の速さで回転する。その回転につれ、調合原料が出口(窯前)に向かって徐々に温度を上げながら移動して行く。

この焼成工程における化学変化は、図1-3(7ページ)に示すようにいくつかの段階を経て進行し、最高温度に達して所定の化学変化が終了し、クリンカーが焼成される。

(3)冷却過程

焼成されたクリンカーは回転窯より排出され、エアークエンチングクーラー(クリンカークーラー)という冷却機に入り、空気を使って急激に冷却する。

冷却機は回転窯より排出される高温のクリンカーを冷却するとともに、焼成用の空気を加熱して回転窯の熱効率を向上させる熱交換機でもある。

2.2.3 仕上げ工程

仕上げ工程はできあがったクリンカーにせっこう、混合材および少量混合成分を加えセメントに仕上げる工程である。

粉砕に使う粉砕装置は、仕上げ粉砕機(『仕上げミル(写真1-7)』ともいう)と呼ばれ、円筒状のドラムの中の鋼鉄のボールをドラムの回転によって互いに衝突させ、ボールとボールの間にはさまれたものを粉砕する機構となっている。

粉砕機を通過した粉は、「エアーセパレータ」という分級機で粗粉と微粉に分けられ、粗粉は再び粉砕機に戻す。微粉は所定の細かさをもつ完成したセメントとして取り出す。概要は図1-4(8ページ)のとおりである。また粉砕効率の改善を図るため、たて型ミルなどの予備粉砕機を設置する場合もある。

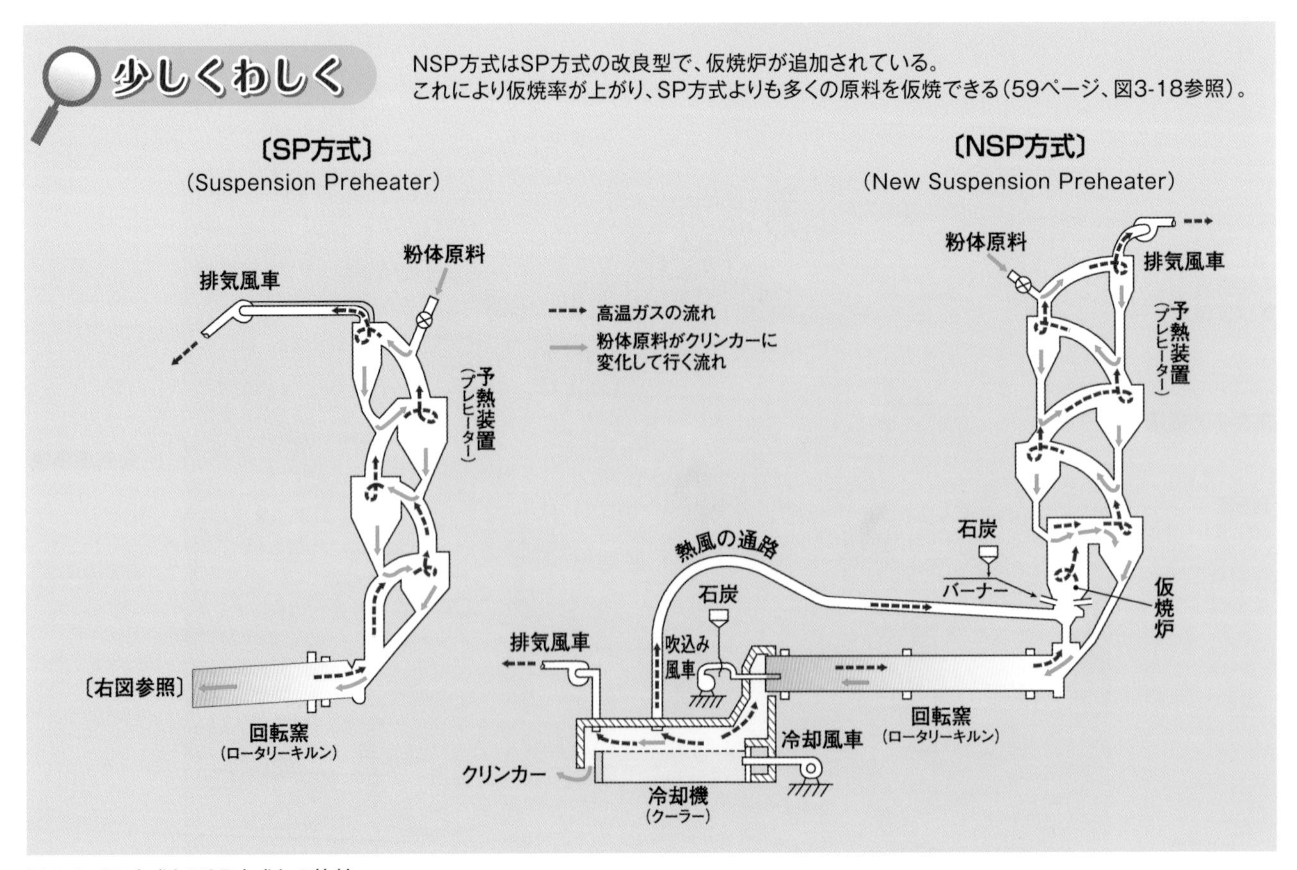

図1-2 SP方式とNSP方式との比較

写真1-6　回転窯の内部

写真1-7　仕上げミル

写真1-8　NSP方式の焼成装置（手前の太い円筒が回転窯、奥のタワーが予熱装置）

2.3 セメントの製造におけるエネルギー

クリンカーの焼成には高い温度を必要とするため、セメントの製造における熱エネルギーのほとんどは焼成工程で消費される。

現在、セメント工場で使用される熱エネルギーは、石炭が約70%、石油コークスが約11%、廃油や廃タイヤ等の産業廃棄物・副産物等が約18%で重油は約1%である（2018年度）。

石炭は中国、オーストラリア、ロシア、インドネシアなどから輸入している。なお、石炭を燃焼させたときの発熱量は27~29MJ／kg程度である。

クリンカーの冷却過程でクリンカーと空気が熱交換し高温となった空気はそのまま排出せず、図1-5に示すように高温となった空気のもつ熱エネルギーをクリンカーの焼成、原料の乾燥、石炭の乾燥、排熱発電（写真1-9）などに利用している。このように有効利用される割合は約80%である。

また、電力エネルギーは仕上げ工程での使用量の割合が最も大きく、原料粉砕工程と焼成工程での使用量の割合は、ほぼ同じである。

セメントの製造におけるエネルギー原単位を表1-4（3ページ）に示した。

少しくわしく

［焼成工程での化学変化］

予熱装置から回転窯、そして冷却機に至るまでに、各種の原料に含まれる成分は、徐々に化学変化を起こし、やがて最終的に所要の化合物になって行く。

その変化は、図1-3のように各温度のレベルで異なり、また、長い回転窯の中で連続的に流れながら起こって行く。

日産3,000~10,000tに及ぶ大容量の高温焼成を行い、でき上がった「クリンカー」の成分を所要のものとするためには、精度の高い原料調合技術と温度制御技術が要求され、安定した品質を確保するために、昼夜を問わず生産管理体制がとられている。

加熱温度（℃）	〔主要な化学変化〕
100~ 110	各原料の付着水の蒸発
110~ 700	粘土類の結晶水の脱水蒸発
700~ 750	$MgCO_3$の分解（$MgO+CO_2$）
750~ 900	$CaCO_3$の分解（$CaO+CO_2$）　$2CaO\cdot SiO_2$の生成開始
950~1200	$\beta\cdot 2CaO\cdot SiO_2$への転移
1200~1300	$3CaO\cdot Al_2O_3$の生成、$4CaO\cdot Al_2O_3\cdot Fe_2O_3$の生成
1350~1450	$3CaO\cdot SiO_2$の生成（Al_2O_3、Fe_2O_3、Na_2O、K_2Oなどは溶けた状態になる。）
冷却	冷却する過程で、1200℃付近になると一度溶けたAl_2O_3やFe_2O_3がふたたび$3CaO\cdot Al_2O_3$や$4CaO\cdot Al_2O_3\cdot Fe_2O_3$などを生成する。最終的に生成するのは次の4化合物で、これらが混ざり合って黒い粒となる。この黒い粒を「クリンカー」という。 〔最終生成物（クリンカーの中の構成化合物）〕 $3CaO\cdot SiO_2$　（エーライトC_3S） $2CaO\cdot SiO_2$　（ビーライトC_2S） $3CaO\cdot Al_2O_3$　（アルミネート相C_3A） $4CaO\cdot Al_2O_3\cdot Fe_2O_3$　（フェライト相C_4AF）

図1-3　焼成工程での化学変化

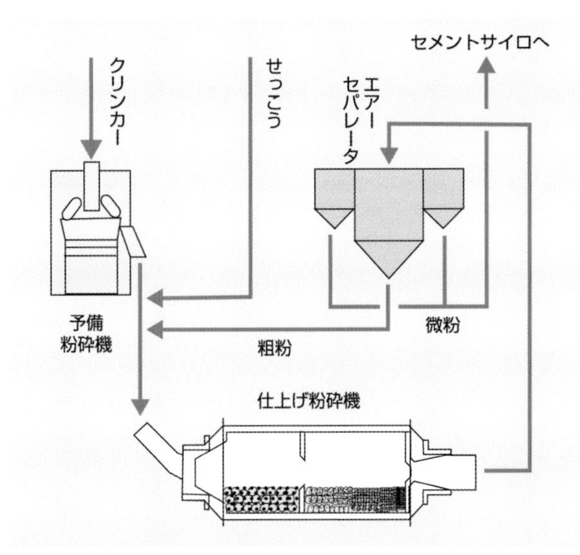

図1-4　仕上げ工程の一例（ポルトランドセメント）

写真1-9　排熱発電のタービン室

少しくわしく

「熱エネルギーの回収と利用」

セメント工場では、大量の熱エネルギーを利用している。とくに焼成工程では、1450℃の高温で原料を焼成し、ただちに急激に冷却している。冷却に使用した空気は、熱交換の結果、かなりの高温になる。高温の空気をそのまま排出しては不経済なので、回収して回転窯や予熱装置または石炭や各種原料の乾燥機に送り込み、空気の持っている熱エネルギーを十分に活用してエネルギー効率を高めている。さらに、冷却機や予熱装置からの排ガスで発電している工場もある。

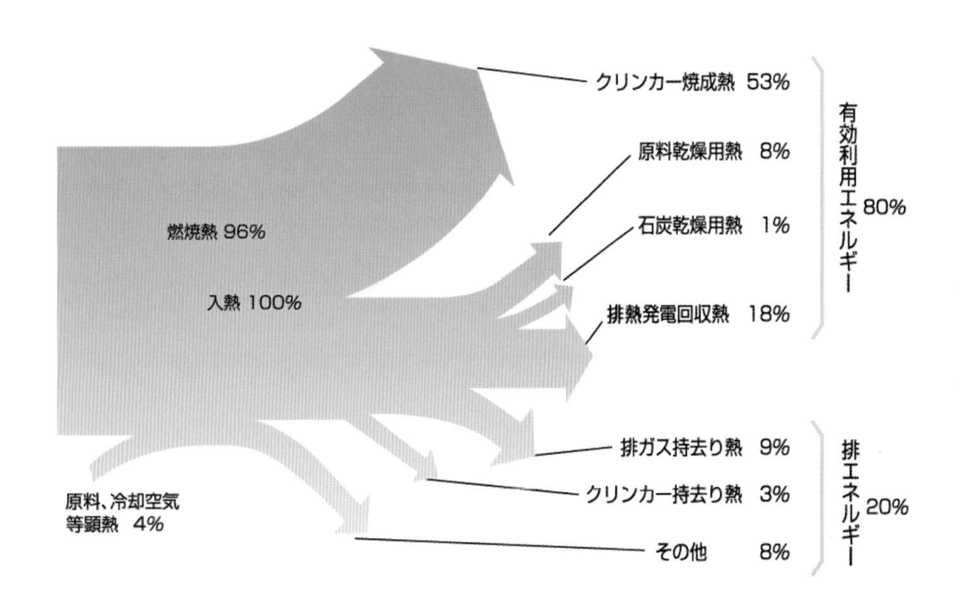

図1-5　セメント工場の熱エネルギーの流れ（例）

3 セメントはなぜ固まるか

3.1 セメントの固まり方

セメントに水を加えて、よく練り混ぜてから放置すると、初めは粘土のように形を変えることができるが、時間が経過するに従い徐々に硬くなって変形させることができなくなり、さらに時間が経過すると強固な固まりになる。これはセメントを構成する化合物が水と反応して「新しい化合物」になるからである。このセメントと水との化学反応を「水和反応」といい、この「新しい化合物」を「水和物」と呼ぶ。

詳しく言えば、徐々に硬くなって変形できなくなる過程を「凝結」といい、固まりがさらに強固なものになる過程を「硬化」という。

図1-6は、水がセメントと反応して「水和物」を生成する過程の概念を示したものである。水和反応は水と直接接するセメント粒子の表面から開始し、反応が進行するに従い未反応の部分が小さくなり、セメント粒子が生成した水和物で覆われ、水和物が結び付いて硬化していく様子が表現されている。このようにセメントが固まるのは決して乾いて硬くなったわけではなく、水と反応したからである。

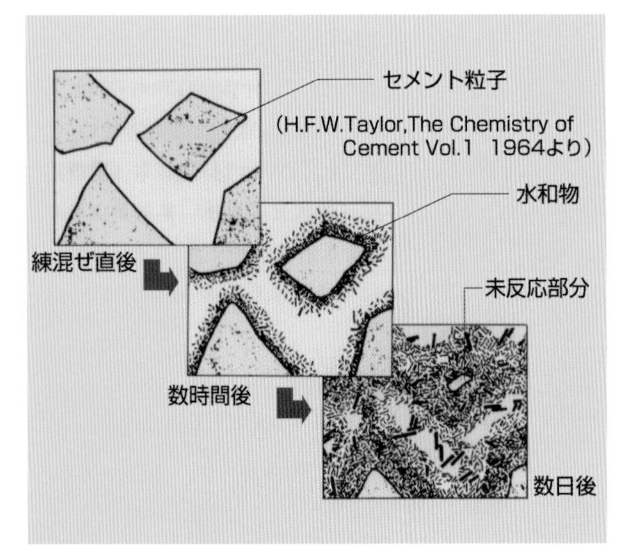

図1-6　ポルトランドセメントの水和過程

3.2 クリンカーを構成しているもの

クリンカーを構成しているおもな化合物は、「エーライト」、「ビーライト」、「アルミネート相」、「フェライト相」と呼ばれる4種類である（写真1-10）。このうち、「エーライト」と「ビーライト」は、「けい酸カルシウム」という化合物であり、全体の70～80%を占める。

また、「アルミネート相」および「フェライト相」は、2種類のけい酸カルシウムの隙間を埋めるように存在することから「間隙相」と呼ばれ、全体の15～18%を占めている。

これらの化合物の化学組成を化学式で表すと表1-5のようになる。表中（　）に示す記号は、セメント化学の領域で使う独特の略記号であり、“C”はCaOを、“S”はSiO_2を、“A”はAl_2O_3を、“F”はFe_2O_3を表す。たとえば、C_3SはCaO3個と$SiO_2$1個から構成され、化学式では“$3CaO \cdot SiO_2$”を意味する。

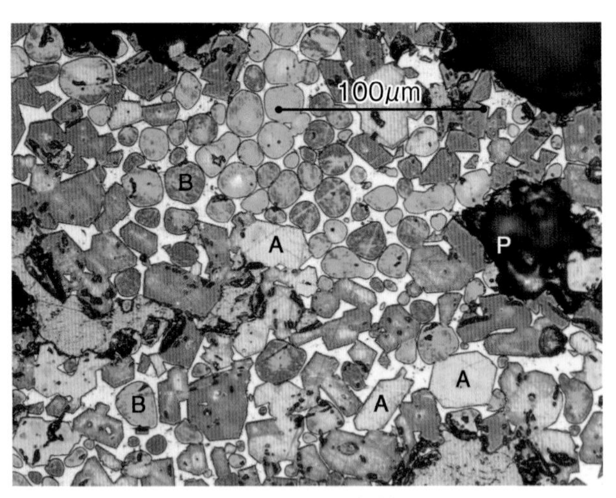

（A：エーライト、B：ビーライト、P：空隙）
写真1-10　クリンカーの顕微鏡写真
（A,Bの間を埋める白く見える部分が間隙相）

表1-5　クリンカーを構成しているもの

クリンカーの構成化合物		化学組成	備　考*
けい酸カルシウム	エーライト	$3CaO \cdot SiO_2$ (C_3S)	微量のアルミニウム、鉄、マグネシウム、ナトリウム、カリウム、チタン、マンガンなどを含んでいる。
	ビーライト	$2CaO \cdot SiO_2$ (C_2S)	
間　隙　相	アルミネート相	$3CaO \cdot Al_2O_3$ (C_3A)	少量のけい素、マグネシウム、ナトリウム、カリウムなどを含んでいる。
	フェライト相	$4CaO \cdot Al_2O_3 \cdot Fe_2O_3$ (C_4AF)	

*各化合物は、通常備考欄に示したような成分を含んでいる。

いろいろな用途によって、これら4種類の化合物の特性を活用できるように構成比率を適切に変えて、さまざまなセメントがつくられている(13ページ、図1-8、1-9参照)。

3.3 初期の反応

これら4種類の化合物は水と接触するとただちに反応が始まる。中でも「エーライトC_3S」と「アルミネート相C_3A」は反応が速く、とくにアルミネート相は急速に反応が進み、わずか数分で固まってしまう性質をもっている。このままでは、モルタルやコンクリートが作業中に固まってしまうことになる。

そこで活躍するのが「せっこう」である。せっこうは水に溶けるとまずアルミネート相と反応して「エトリンガイト」と呼ばれる化合物を生成する。生成したエトリンガイトはアルミネート相を覆い、アルミネート相がさらに水と接触するのを抑制して、水和反応の速度を適度に遅らせる役割をする。実際には固まりはじめるのが数分から数時間に遅れることとなる。

一方、エーライトは、アルミネート相と同様に反応が速いが、水和反応初期に、自身の水和物がその表面に薄い被膜となって覆うようになり、その後の水和反応を一時的に遅らせる性質をもっている。

3.4 強度の発現

セメントの凝結から硬化への過程は、水和反応によって生成した水和物が3次元的に結合し合い、水や空気の存在する部分を埋めながら、緻密になって行く状態といえる。緻密になるに従いより強固になり、その程度は反応する時間とともに増大して行き、「強度」で観察することができる。(13ページ、図1-10)。セメント･コンクリートの用語では、セメントに水を加えてからの時間の経過を「材齢(材令)」と呼び、「強度は材齢とともに増進する」と表現する。

3.5 水和熱

一般に、化学反応が起こるときは、発熱や吸熱を伴う。セメントが水と反応して水和物をつくる化学反応の場合は「発熱反応」となる。この発熱量を「セメントの水和熱(すいわねつ)」と呼んでいる。

水和熱の大きさは、①セメントの化学組成、②セメント粒子の細かさ、③練り混ぜる水の量、などによって異なる。水和熱は、コンクリートに対して好悪双方の影響を及ぼすので、セメントの性質として重要な要素となる。

したがって、使用する条件によっては、セメントの水和熱の影響を考慮してセメントの種類を選ぶ場合もある。水和熱をJISで規定する方法によって測定した例を表1-6に示す。

表1-6　各種セメントの水和熱測定例　(単位:J/g)

セメントの種類＼材齢	7日	28日
普通ポルトランドセメント	318~336	370~396
中庸熱ポルトランドセメント	259~277	310~333
低熱ポルトランドセメント	204~226	261~281

備考:測定方法はJIS R 5203による。

少しくわしく

[せっこうの役割]

(2.セメントができるまで参照)

本文に述べたように、「アルミネート相」の反応を抑制するために「せっこう」が使われている。せっこうは、セメントの反応に対して良い効果を及ぼすが、反面、膨張する性質があるので、JIS規格にその添加量について最大値が規定されている(19~20ページ、表1-8に"三酸化硫黄SO_3"として規定)。

[各種構成化合物の水和反応]

クリンカーを構成している主な化合物から生成する水和物は図1-7に示すようにそれぞれ異なる。

反応前の化合物は、写真1-10(9ページ)に示したように光学顕微鏡で観察可能だが、水和によって生成した化合物は写真1-11および写真1-12のように電子顕微鏡レベルの微小な結晶であり、それぞれの化合物ははっきり区別できる結晶の形をしている。

セメントの主成分であるエーライトC_3S、ビーライトC_2Sは水和して、結果としてけい酸カルシウム水和物(通常、前述の略記号に、H_2Oを表す"H"を加え、『C-S-H』という記号で表現している)と水酸化カルシウム$Ca(OH)_2$になる。

一方、反応がもっとも速いアルミネート相は、まずせっこうと反応してエトリンガイト($3CaO \cdot Al_2O_3 \cdot 3CaSO_4 \cdot 31 \sim 33H_2O$)と呼ばれる化合物を表面に生成し、やがて、このエトリンガイトが包み込んでいる未水和のアルミネート相とエトリンガイトが反応してモノサルフェート水和物と呼ばれる化合物($3CaO \cdot Al_2O_3 \cdot CaSO_4 \cdot 12H_2O$)に変わって行く。

また、もうひとつの間隙相であるフェライト相C_4AFは、アルミネート相と同様の反応をするが、アルミネート相ほど反応は速くない。

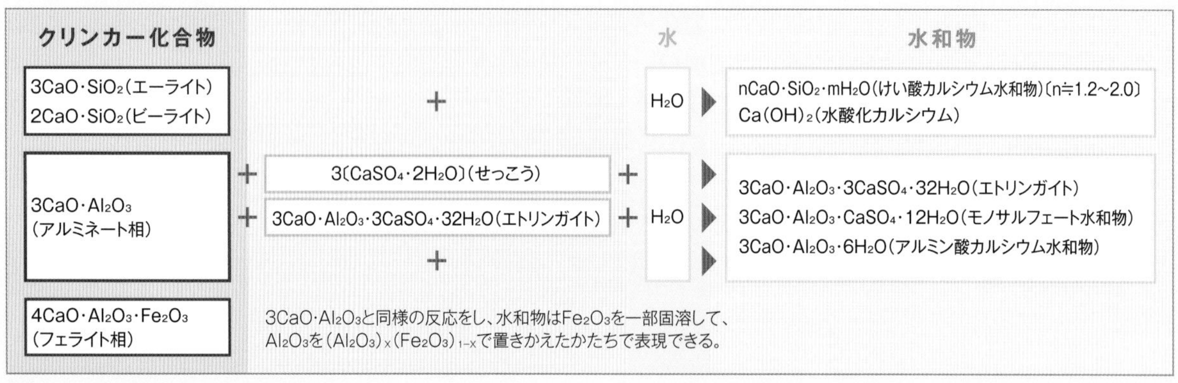

図1-7 ポルトランドセメントの水和

[セメントの水和と水]

ポルトランドセメントは、それぞれの化合物が最終的に水和物となって硬化を完了する。一般にセメントの各粒子は表層から水和反応を開始し、完全に水和するには長い年月を必要とする。しかし、セメント水和物の硬化体が所要の強さを発現するには、セメント粒子の表層の水和物が互いに隣接する水和物と3次元的に強固に結合した構造になれば良いので、全粒子が完全に水和する必要はない。したがって、水和反応の面からみる限り、セメント粒子表層からある程度の厚みの水和物をつくることができる水があれば十分といえる。

[水和熱の影響]

寒冷地での保温養生の一つとして、コンクリートを打設する際にコンクリートを断熱材で覆い、セメントの水和による発熱を利用する方法がある。その一方で、大きな体積を持つコンクリートを打設する際には、セメントの水和による発熱によってコンクリートの内部の温度が上昇し、表面部分は熱を少しずつ放散していくため、内部と表面との間に温度差が生じ、ひび割れ(温度ひび割れ)の原因となってしまうことがある。

未水和のセメント粒子	水和反応初期	水和反応進行期
	この時点ではまだ流動性が保たれている。 C_3Aとせっこうの反応により長い針状のエトリンガイトが生成する。	水和物の増大により強度が発現してくる。 エトリンガイトとC_3Aが反応し、六角板状のモノサルフェート水和物が生成する。C_3SまたはC_2Sの水和物であるC-S-H量も増加する。

写真1-11　ポルトランドセメント水和物の生成過程〔提供:室井宗一氏〕

エトリンガイト（水和初期）

モノサルフェート水和物（水和数日以降）

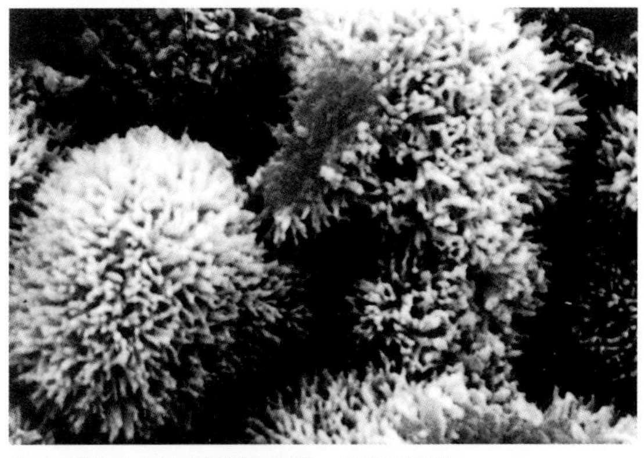

タイプⅠのC-S-H（水和数時間〜20数時間）

タイプⅢのC-S-H（水和数か月）

写真1-12　代表的な水和物の電子顕微鏡写真

4 セメントの種類と用途

4.1 JISで品質が規定されているセメント

表1-1（1ページ）で示したように、JISで品質が規定されているセメントは、ポルトランドセメント、混合セメントおよびエコセメントの3種類に分類される。

図1-8にセメントの構成を示す。ポルトランドセメントおよびエコセメントはクリンカーの割合が多い。混合セメントはポルトランドセメントおよび混合材からなる構成、またはクリンカー、せっこう、少量混合成分および混合材からなる構成になっている。

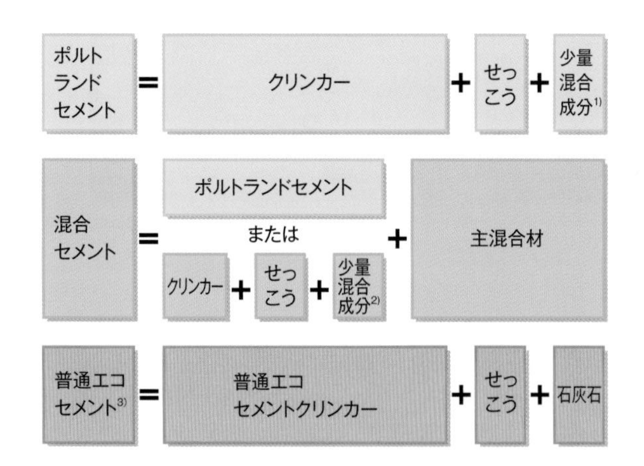

図1-8　セメントの構成

注:1）高炉スラグ、フライアッシュ、シリカ質混合材、石灰石の4種類で、普通、早強、超早強の各ポルトランドセメントに対し、質量で5%まで混合することが認められている。
2）ここでいう少量混合成分には主混合材を含まない。また、その混合量はクリンカー、せっこう、少量混合成分の合量に対し質量で5%以下。
3）ただし、速硬エコセメントには石灰石の混合は認められておらず、また構成の要素として硫酸ナトリウムが加わる。

性　質	エーライト C_3S	ビーライト C_2S	アルミネート相 C_3A	フェライト相 C_4AF
強度発現（短期）	大	小	大	小
強度発現（長期）	大	大	小	小
水和熱	中	小	大	小

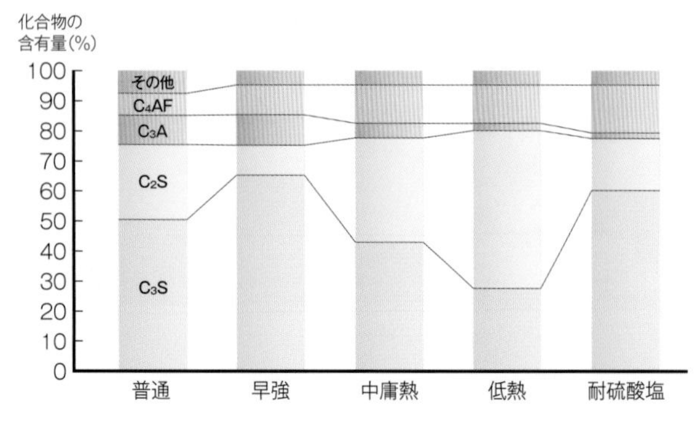

図1-9　各ポルトランドセメント中のクリンカー構成化合物の含有量

4.1.1 ポルトランドセメント

ポルトランドセメントは強度発現性や発熱性の違い等により6種類があり、クリンカー中の構成化合物の割合によってその特性が定まる。図1-9に「各ポルトランドセメントのクリンカー構成化合物の含有量」の例を示す。例えば、低熱ポルトランドセメントは水和熱の大きいエーライトやアルミネート相が少なく、水和熱の小さいビーライトが多くなっていることが分かる。

また、セメント中には「アルカリ金属」のナトリウム、カリウムが含まれており、「酸化ナトリウム(Na_2O)」、「酸化カリウム(K_2O)」の酸化物として表記される。ポルトランドセメント低アルカリ形は〔全アルカリ量（%）＝Na_2O（%）＋0.658×K_2O（%）〕で算出される全アルカリ量が0.60%以下と規定されたセメントで、アルカリシリカ反応性を有する骨材の使用に対し、コンクリート中のアルカリ量を低減するというアルカリシリカ反応性の抑制方法の一つとして用いられている（コンクリート編1.5（3）コンクリートの耐久性、28ページ参照）。

写真1-13　工事現場などで目にするセメント袋

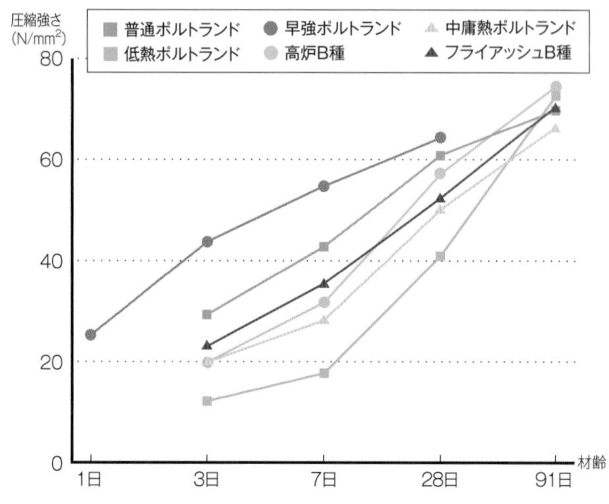

図1-10　モルタル圧縮強さ〔JIS R 5201〕

(1)普通ポルトランドセメント

汎用性がもっとも高いセメント。袋物(写真1-13)の入手も容易なことから、小規模工事や左官用モルタルとしても使われている。現在、国内で使用されるセメントの69.3%(2011年度)がこのセメントである。

写真1-14　普通ポルトランドセメントは土木・建築など汎用性が高い

(2)早強ポルトランドセメント

初期強度の発現性に優れるエーライト(C_3S)の含有率を高め、水と接触する面積(比表面積)を多くするために普通ポルトランドセメントより細かく砕いて、短期間で高い強度を発現するようにしたセメントである。たとえば、普通ポルトランドセメントが材齢3日で発揮する強さを1日で、また、材齢7日で発現する強さを3日で達成する。この特性を利用して、緊急工事、寒冷期の工事、コンクリート製品などに使用される。

写真1-15　早強ポルトランドセメントで施工された
青函トンネル軌道スラブ

(3)超早強ポルトランドセメント

早強ポルトランドセメントよりも、さらに短期間で強度を発現するセメントである。普通ポルトランドセメントが7日で発現する強さを1日で発揮するセメントである。用途は緊急補修用などである。

(4)中庸熱ポルトランドセメント

大型構造物や断面寸法の大きな構造体(マスコンクリート)用に、水和熱を低くするためにエーライト(C_3S)、アルミネート相(C_3A)の含有量を少なくしたセメントである。結果として、ビーライト(C_2S)の多い組成になっている。

水和熱が低いだけでなく、①乾燥収縮が小さい、②硫酸塩に対する抵抗性が大きいなどの特徴があり、ダムや大規模な橋脚工事などに使われる。

写真1-16　ダムには中庸熱ポルトランドセメントが多用される

(5)低熱ポルトランドセメント

中庸熱ポルトランドセメントより水和熱が低いセメントである。1997年に新たに制定され、ビーライト(C_2S)の含有量を40%以上と規定している。材齢初期の圧縮強さは低いが、長期において強さを発現する特性をもつ。温度抑制はもちろんであるが、高流動コンクリート、高強度コンクリートにも対応するセメントである。

写真1-17　低熱ポルトランドセメントを使用したLNGタンク

(6)耐硫酸塩ポルトランドセメント

セメント中のアルミネート相(C_3A)から主に生成する水和物(モノサルフェート水和物)は硬化後に浸透した硫酸塩と反応し、膨張性の水和物(エトリンガイト)に変化することがある。そのため、海水、温泉地付近の土壌、下水・工場の廃水中など硫酸塩を多く含む環境ではアルミネート相(C_3A)の含有量が少ないセメントが使用される。耐硫酸塩ポルトランドセメントのC_3A含有率は4%以下と規定されており、耐硫酸塩性に優れたセメントである。

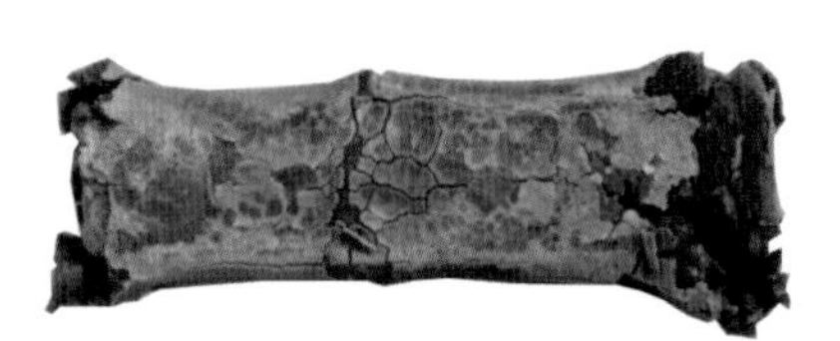

普通ポルトランドセメント/材齢300日

耐硫酸塩ポルトランドセメント/材齢600日

写真1-18　硫酸マグネシウム溶液(2.5%)に浸漬したモルタル硬化体

4.1.2 混合セメント

混合セメントはポルトランドセメントと混合材から構成されるか、クリンカー、せっこう、少量混合成分と混合材から構成されるものである。混合セメントには混合材の違いにより高炉セメント、シリカセメント、フライアッシュセメントの3種類がある。

(1)高炉セメント

高炉セメントは高炉スラグ(「水砕スラグ」と呼ばれることもある)を混合材とするセメントで、高炉スラグの混合比率によってA種、B種、C種に区分される。

高炉スラグはセメントの水和反応で生じた水酸化カルシウム$Ca(OH)_2$を刺激剤として徐々に水和反応を起こす性質(潜在水硬性)をもっている。

一般に、高炉セメントの強度特性は、普通ポルトランドセメントに比べて初期は低いが、材齢28日以降では普通ポルトランドセメントと同等または同等以上になる。これは、前述した高炉スラグの水和によるところが大きい。

また、特徴として、①塩分の浸透に対する抵抗性に優れている、②硬化組織が緻密である、などが挙げられる。

一方、いわば「ゆっくり固まる」セメントであるため、とくに初期の養生を入念に行う必要がある。

写真1-19　高炉セメントは耐海水性にも優れる

(2)シリカセメント

シリカセメントは天然のシリカ質混合材(二酸化けい素SiO_2を60%以上含んでいるポゾラン反応しやすいもの)を混合材とするセメントで、混合したシリカ質混合材の混合比率によってA種、B種、C種に区分される。

このセメントは、耐薬品性に優れているが、初期の強度の発現が低い。

(3)フライアッシュセメント

フライアッシュセメントは火力発電所のボイラー排ガス中に含まれる石炭灰の微粉末であるフライアッシュを混合材に用いたセメント。その混合比率によってA種、B種、C種に区分される。

フライアッシュに含まれている二酸化けい素SiO_2は、セメントの水和反応によって生じた水酸化カルシウム$Ca(OH)_2$と反応して水和物(けい酸カルシウム水和物)を生成し(この反応を『ポゾラン反応』という)、硬化組織が緻密となる。

また、球状を呈するフライアッシュ粒子が多い場合、コンクリートのワーカビリティーが向上する。さらにフライアッシュのポゾラン反応はゆっくり進むため、初期の水和による発熱も小さい。これらの性質から、ダムや港湾などの大型土木工事や水密性を要求される構造物のコンクリートに使用されることが多い。

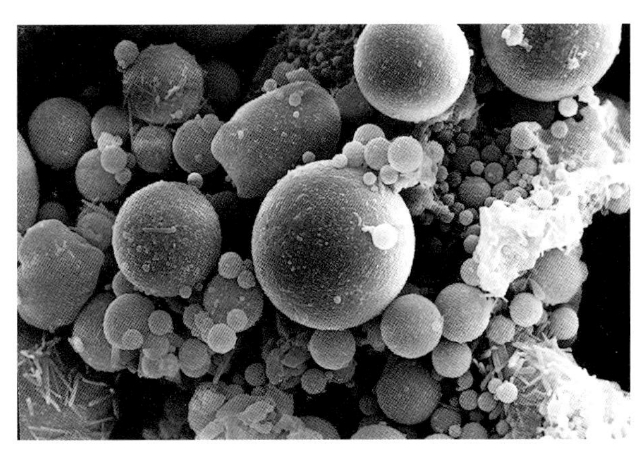
写真1-20 フライアッシュの顕微鏡写真(×2500)

写真1-21 フライアッシュセメントが使われた明石海峡大橋アンカレイジ

4.1.3 エコセメント

廃棄物問題の解決を目指して研究開発されたセメントで、都市ごみ焼却灰や下水汚泥を主原料としており、2001年には千葉県市原市に世界初の工場が完成し生産を開始、2002年7月にJIS R 5214として規格化された。その後、2006年には東京都西多摩郡日の出町で第二のエコセメント化施設が稼動を開始した。

このセメントは、都市ごみ焼却灰をベースに、必要に応じて下水汚泥などの廃棄物も加えて、製品1tにつき乾燥ベースで500kg以上使用してつくられる。さらに塩化物イオンを含む焼却灰等を原料として製造されるため、製造過程で脱塩素化させ塩化物イオン量をセメント質量の0.1%以下に低減した普通エコセメントと、塩化物イオンをクリンカー鉱物に固定した速硬エコセメントの2種類がある。

普通エコセメントは、普通ポルトランドセメントとほぼ同様な物理的性質を示し、幅広い用途拡大が期待されている。また、速硬エコセメントは、塩化物イオン量を0.5%以上1.5%以下としたもので、速硬性をもつ。

4.2 特殊なセメント

特殊なセメントはJIS R 5210(ポルトランドセメント)で規定されている品質(項目と規格値)以外の品質が要求される場合に使用されるセメントといえる。

それらは多岐に及ぶので、代表的なものを表1-7に示す。

表1-7 特殊なセメントの種類

分　類	セメントの種類
ポルトランドセメントをベースにしたもの	膨張セメント
	2成分系の低発熱セメント
	3成分系の低発熱セメント
ポルトランドセメントの成分や粒度の構成を変えたもの	ビーライトセメント
	白色ポルトランドセメント
	超微粒子セメント
	油井・地熱井セメント
ポルトランドセメントとは異なる成分のもの	超速硬セメント
	アルミナセメント

(1)膨張セメント

コンクリートは気中では、やがて乾燥して収縮し、内部の鉄筋や構造物の形、部位によって自由に収縮できないと「ひび割れ」の原因となる。また、重い機械の基礎などのように、同一の個所に長時間大きな荷重がかかると、復元しない変形(『クリープ変形』という)が生じることがある。このようなひび割れや変形を防止するために、セメントに膨張材を加えたものが膨張セメントである。

写真1-22 エコセメント化施設(東京都)
〔提供:東京たま広域資源循環組合〕

膨張材には、「カルシウムサルフォアルミネート（CSAと略称される）系」のものと、「生石灰系」の2種類がある。いずれの膨張材も混合量が多過ぎると弊害を生じることがあるので混合量を適切に設定することが必要である。

(2)2成分系、3成分系の低発熱セメント

低発熱を目的に、普通ポルトランドセメントや中庸熱ポルトランドセメントをベースに高炉スラグ、フライアッシュなどの混合材をそれぞれ指定された量を混合したもの。

工事の条件などによって混合材の種類、混合量が指定される特別なセメントで、混合材が1種類の場合は「2成分系」、2種類の場合を「3成分系」と称している。1個所で大量に使用する工事などに使われる。

(3)ビーライトセメント

ビーライト（C_2S）の含有率を多くしたセメントで、高ビーライトセメントとも呼ばれる。このセメントの特徴は水和熱を低く抑えることができることはもちろんのこと、高流動コンクリートや高強度コンクリート用のセメントとして適している。

低熱ポルトランドセメントもビーライトセメントのひとつといえるが、ビーライトセメントの品質は特に規格で定められておらず、目的によってクリンカー構成化合物の構成比率、比表面積を変え、製造される。

(4) 白色ポルトランドセメント

ポルトランドセメントの色は、独特の灰色である。これは、着色成分といえる酸化第二鉄・Fe_2O_3を含んでいることによる。白色ポルトランドセメントは、顔料等を加えて任意の着色をしやすいように白色とするため、この酸化第二鉄をできる限り含まないようにしたもので、各種建造物の表面仕上げ用モルタルや装飾材料として使用されている。また、顔料を加えた「カラーコンクリート」としての用途も増えている。

(5) 超微粒子セメント

通常のセメントより細かくされたもので注入工事やグラウトに使われるセメント。用途によりその硬化性状は異なる。

たとえば、トンネル工事において岩盤から流出する地下水を止水する場合には、短時間で硬化するものが用いられる。

写真1-23　低発熱セメントが使われた東京湾アクアライン・川崎人工島／風の塔

写真1-24　白色セメントでつくったRC造の観音像

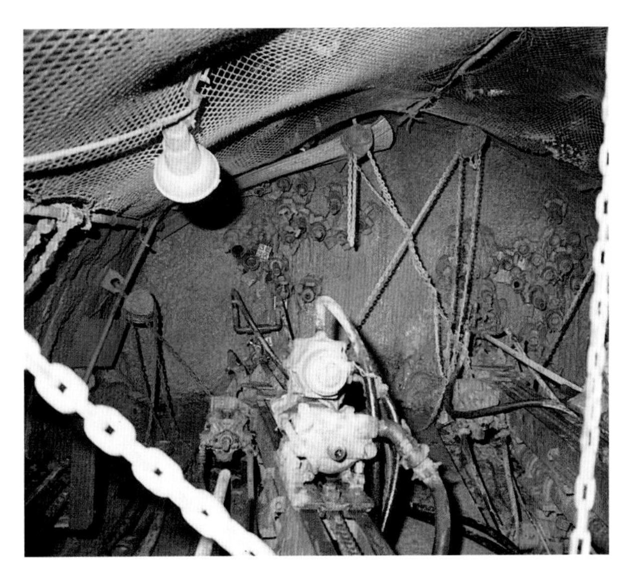

写真1-25　超微粒子セメントを注入し岩盤を固めながら掘り進むトンネルの切羽

写真1-26　超速硬セメントによる舗装版の打替え工事

(6) 油井・地熱井セメント

油井（ゆせい）、地熱井（じねつせい）などの掘削に用いる場合には、高温高圧環境下の使用となる。そのため、反応が遅く、長時間粘性を低く保持できるようにしたセメント。

(7) 超速硬セメント

ポルトランドセメントの成分と類似のもので構成されているが、2～3時間の短時間で10N／mm^{2}以上の圧縮強さを発現する。

凝結、硬化が速いため、凝結を遅延させる「制御材」を添加して硬化までの作業時間を適切に設定して使用する。緊急工事用として使用されるが、他に「吹付けコンクリート」や「グラウト」などにも使用される。

(8) アルミナセメント

アルミニウムの原料である「ボーキサイト」と石灰石からつくったセメント。練混ぜ後6～12時間でおおむね普通ポルトランドセメントの材齢28日の強さを発現する。また、耐火性、耐酸性にも優れているため、緊急工事、寒冷期の工事のほか、耐火物、化学工場などの建設工事にも使用される。

少しくわしく

[セメントの細かさ]

セメント粒子の「細かさ」は、反応する速度に関係がある。細かくなれば反応は速くなり、粗ければ遅くなる。細かいほどセメントの表面積の合計は大きくなり、水と接触する部分が多いといえるからである。

セメント粒子の細かさの程度は「粉末度」という用語で表現され、JISでは「ブレーン比表面積（cm^2／g）」として測定される。

セメントを構成する各種の化合物の比率とこの粉末度の組合せによって、さまざまな反応速度のものができる。

4.3 セメントの規格と品質

セメントの日本産業規格（JIS）には、下記のようにセメントの品質を規定するもの5種類と試験方法を規定するもの4種類の合計9規格がある。

【製品の品質規格】

JIS R 5210　ポルトランドセメント
JIS R 5211　高炉セメント
JIS R 5212　シリカセメント
JIS R 5213　フライアッシュセメント
JIS R 5214　エコセメント

【試験方法の規格】

JIS R 5201 セメントの物理試験方法
JIS R 5202 セメントの化学分析方法
JIS R 5203 セメントの水和熱測定方法
JIS R 5204 セメントの蛍光X線分析方法

各セメントの品質規格の規定事項を表1-8に示す。また、各セメントの品質を表1-9および表1-10に例示する。

少しくわしく

「少量混合成分」

JIS R 5210に規定する普通ポルトランドセメント、早強ポルトランドセメントおよび超早強ポルトランドセメントには、セメントに対して質量で5%まで、少量混合成分を混合することが認められている。少量混合成分とは次の4種類の材料をいう。

a)JIS R 5211の5.3（高炉スラグ）に規定する高炉スラグ。
b)JIS R 5212の5.3（シリカ質混合材）に規定するシリカ質混合材。
c)JIS A 6201に規定するフライアッシュI種又はフライアッシュII種。
d)炭酸カルシウムの含有率が90%以上、かつ、酸化アルミニウムの含有率が1.0%以下の品質をもつ石灰石。

これらの少量混合成分は混合セメントにも混合することが認められている。ただし、その量は、クリンカー、せっこうおよび少量混合成分の合量に対し、質量で5%以下でなければならない。また、主混合材(高炉セメントにおける高炉スラグ、シリカセメントにおけるシリカ質混合材、フライアッシュセメントにおけるフライアッシュ)は少量混合成分に含まれないので、各混合セメントにおける少量混合成分は3種類となる。

なお、普通エコセメントに対しては石灰石のみ、質量で5%まで混合することが認められている。

表1-8　JISに規定されているセメントの構成並びに品質の規定事項

セメントの種類		構成			
		混合材（質量%）	少量混合成分(3)（質量%）	強熱減量	三
ポルトランドセメント〔JIS R 5210:2019〕	普通	—	5以下(3)	5.0以下	3.
	早強	—		5.0以下	3.
	超早強	—		5.0以下	4.
	中庸熱	—	—	3.0以下	3.
	低熱	—	—	3.0以下	3.
	耐硫酸塩	—	—	3.0以下	3.
高炉セメント〔JIS R 5211:2019〕	A種	5を超え30以下	クリンカー、せっこうおよび少量混合成分の合量に対し、質量で5以下(3)	5.0以下	3.
	B種	30を超え60以下		5.0以下	4.
	C種	60を超え70以下		5.0以下	4.
シリカセメント〔JIS R 5212:2019〕	A種	5を超え10以下		5.0以下	3.
	B種	10を超え20以下		—	3.
	C種	20を超え30以下		—	3.
フライアッシュセメント〔JIS R 5213:2019〕	A種	5を超え10以下		5.0以下	3.
	B種	10を超え20以下		—	3.
	C種	20を超え30以下		—	3.
エコセメント〔JIS R 5214:2019〕	普通	—	5以下(4)	5.0以下	4.
	速硬	—	—	3.0以下	10

注:（1）全アルカリ（%）＝ Na_2O（%）＋ 0.658K_2O（%）　（2）低アルカリ形の場合は"0.60以下

表1-9　各種セメントの化学分析結果〔JIS R 5204:2019、JIS R 5202:20

セメントの種類		ig.loss	insol.	S
ポルトランドセメント	普通	2.10	0.13	20
	早強	1.15	0.09	20
	中庸熱	0.63	0.08	23
	低熱	0.64	0.09	26
高炉セメント	B種	1.68	0.15	25
フライアッシュセメント	B種	1.19	13.32	19
エコセメント	普通	2.32	0.08	17

注:全セメントのig.loss、insol.、Clならびに、高炉セメントのSO_3およびフライアッシュセメントの全化

表1-10　各種セメントの物理試験結果の例〔JIS R 5201:2015〕および水和熱

セメントの種類		密度（g/cm^3）	比表面積（cm
ポルトランドセメント	普通	3.14	3430
	早強	3.12	4620
	中庸熱	3.21	3360
	低熱	3.22	3700
高炉セメント	B種	3.03	3890
フライアッシュセメント	B種	2.97	3760
エコセメント	普通	3.15	4050

品質																			
化学成分(%)			鉱物組成(%)			水和熱(J/g)		密度(5) (g/cm³)	比表面積 (cm²/g)	凝結		安定性		圧縮強さ(N/mm²)					
…ウム	全アルカリ(1)	塩化物イオン	C_3S	C_2S	C_3A	7日	28日			始発 (min)	終結 (h)	パット法	ルシャテリエ法 (mm)	1日	3日	7日	28日	91日
下	0.75以下(2)	0.035以下	—	—	—	—(5)	—(5)	—	2,500以上	60以上	10以下	良	10以下	—	12.5以上	22.5以上	42.5以上	—
下	0.75以下(2)	0.02以下	—	—	—	—	—	—	3,300以上	45以上	10以下	良	10以下	10.0以上	20.0以上	32.5以上	47.5以上	—
下	0.75以下(2)	0.02以下	—	—	—	—	—	—	4,000以上	45以上	10以下	良	10以下	20.0以上	30.0以上	40.0以上	50.0以上	—
下	0.75以下(2)	0.02以下	50以下	—	8以下	290以下	340以下	—	2,500以上	60以上	10以下	良	10以下	—	7.5以上	15.0以上	32.5以上	—
下	0.75以下(2)	0.02以下	—	40以上	6以下	250以下	290以下	—	2,500以上	60以上	10以下	良	10以下	—	—	7.5以上	22.5以上	42.5以上
下	0.75以下(2)	0.02以下	—	—	4以下	—	—	—	2,500以上	60以上	10以下	良	10以下	—	10.0以上	20.0以上	40.0以上	—
下	—	—	—	—	—	—	—	—	3,000以上	60以上	10以下	良	10以下	—	12.5以上	22.5以上	42.5以上	—
下	—	—	—	—	—	—	—	—	3,000以上	60以上	10以下	良	10以下	—	10.0以上	17.5以上	42.5以上	—
下	—	—	—	—	—	—	—	—	3,300以上	60以上	10以下	良	10以下	—	7.5以上	15.0以上	40.0以上	—
下	—	—	—	—	—	—	—	—	3,000以上	60以上	10以下	良	10以下	—	12.5以上	22.5以上	42.5以上	—
下	—	—	—	—	—	—	—	—	3,000以上	60以上	10以下	良	10以下	—	10.0以上	17.5以上	37.5以上	—
下	—	—	—	—	—	—	—	—	3,000以上	60以上	10以下	良	10以下	—	7.5以上	15.0以上	32.5以上	—
下	—	—	—	—	—	—	—	—	2,500以上	60以上	10以下	良	10以下	—	12.5以上	22.5以上	42.5以上	—
下	—	—	—	—	—	—	—	—	2,500以上	60以上	10以下	良	10以下	—	10.0以上	17.5以上	37.5以上	—
下	—	—	—	—	—	—	—	—	2,500以上	60以上	10以下	良	10以下	—	7.5以上	15.0以上	32.5以上	—
下	0.75以下	0.1以下	—	—	—	—	—	—	2,500以上	60以上	10以下	良	10以下	—	12.5以上	22.5以上	42.5以上	—
下	0.75以下	0.5以上1.5以下	—	—	—	—	—	—	3,300以上	—	1以下	良	10以下	15.0以上	22.5以上	25.0以上	32.5以上	—

…しくわしく「少量混合成分」"を参照。 (4)ここでいう少量混合成分は石灰石のみを指す。 (5)測定値を報告する。

化学成分(%)												
…O_3	Fe_2O_3	CaO	MgO	SO_3	Na_2O	K_2O	TiO_2	P_2O_5	MnO	SrO	S	Cl
…33	2.96	64.29	1.32	2.07	0.27	0.39	0.29	0.22	0.06	0.06	—	0.017
…06	2.69	65.32	1.23	2.87	0.24	0.37	0.29	0.22	0.06	0.05	—	0.009
…50	3.79	63.88	0.91	2.12	0.23	0.35	0.21	0.23	0.10	0.03	—	0.007
…37	3.15	62.99	0.72	2.44	0.19	0.33	0.16	0.15	0.11	0.03	—	0.003
…32	1.98	55.02	3.30	2.02	0.26	0.35	0.42	0.14	0.13	0.06	0.38	0.012
…73	2.82	54.67	0.99	1.88	0.29	0.42	0.23	0.18	0.08	—	—	0.015
…51	3.79	62.08	1.60	3.24	0.60	0.02	0.85	1.18	—	—	—	0.041

…S R 5202:2015によるもので、それ以外はJIS R 5204:2019によるものである。

…の例〔JIS R 5203:2015〕

…粉末度	凝結			圧縮強さ(N/mm²)					水和熱(J/g)	
…い90μm残分(%)	水量(%)	始発(h-m)	終結(h-m)	1日	3日	7日	28日	91日	7日	28日
0.6	28.4	2-20	3-40	—	31.6	47.5	62.9	—	—	—
0.1	32.0	2-00	3-15	28.3	47.3	57.8	68.0	—	—	—
0.5	28.1	3-10	4-45	—	19.9	28.5	57.8	—	259	318
0.2	27.5	3-35	5-15	—	11.9	16.7	56.0	82.3	203	273
0.4	29.9	3-05	4-40	—	22.4	36.6	62.6	—	—	—
0.8	28.6	2-50	4-15	—	27.4	39.9	59.0	—	—	—
—	27.4	2-45	4-25	—	30.8	45.3	59.9	—	—	—

5 土を固める

5.1 セメント系固化材

そのままでは使えない、軟弱な土、発生土などを固化して、良質な土に改良するために開発された材料が「セメント系固化材」である。セメント系固化材はポルトランドセメントを主成分として、ポゾラン材、強度増進材などを添加したり、成分調整して製造したもので、さまざまな分野で使用されている。セメント系固化材の販売開始は1970年代で、200年近い実績のあるポルトランドセメントに比べるとごく新しい製品であるが、着実に軟弱地盤活用の道を拓いている。

5.2 セメント系固化材の種類

セメント系固化材は、その使用目的に応じていろいろな種類が用意されている。つねに社会のニーズに応じたセメント系固化材の開発が行われている。

(1)汎用固化材(一般軟弱土用、特殊土用)

汎用固化材は、一般軟弱土用固化材と特殊土用固化材を総称したものであり、軟弱地盤の改良に幅広く使用される汎用品である。

一般軟弱土用固化材は、砂質土やシルト、粘性土、火山灰質粘性土等の軟弱地盤に対して使用することで、大きな改良効果が得られる固化材である。また、特殊土用固化材は、改良土からの六価クロム溶出を抑制する効果がある固化材である。

(2) 高有機質土用固化材

高有機質土用固化材は、腐植土など有機物含有量の多い土に効果がある固化材である。土中に含まれている有機物が、セメントの水和反応を阻害するのを防ぐ効果を高めたものである。

(3) 発塵抑制型固化材

発塵抑制型固化材は、粉体のまま使用した場合でも発塵の少ない固化材である。市街地での固化処理工事など、工事に伴って発生する固化材の粉塵が、周辺環境に悪影響を与えるおそれがあるような場合に適している。

(4) その他

このほかにも用途や目的に応じて、泥炭用、超軟弱地盤用などの固化材が開発されている。

目的にあった固化材を選択し、必要な強度に応じた添加量を土とよく混合して使用することにより、経済的で効果的な施工が可能になる。

5.3 固化処理と環境

固化処理にあたっては、一般土木工事や建築工事と同様に、周辺の環境に配慮することが必要である。

(1)固化処理とpH

セメント系固化材は、ポルトランドセメントが主原料なので、pHは11～12のアルカリ性を示す。したがって、固化処理した土もアルカリ性になるが、固化処理土からわずか5cm離れた土のpHは、処理していない土(原土)のpHに近いことを確認している。これは、原土がアルカリ分を中和する能力をもっていることを示す。つまり、固化処理土を透過した水分は周辺の土によって中和されるため、固化材のアルカリ性が周辺に与える影響は少ないと考えられる。

(2)固化処理と重金属

セメント系固化材の原料であるポルトランドセメントは、微量の重金属を含んでいるが、通常の地盤改良工事では、固化後の地盤から土壌環境基準を超えて重金属が溶出することはない。

しかし、ローム層など一部の土質によっては固化処理土からごく微量の6価クロムが溶出することもあるので、このような場合は特殊土用のセメント系固化材の使用が適切である。また、重金属で汚染された土からの重金属の溶出を防止する目的で、土を固化処理する場合がある。この場合、確実で経済的な施工を行うために、溶出を防止したい重金属の種類や含有量などを事前に調査し、最適な固化材を選択する必要がある。

写真1-27 スタビライザによる浅層改良工事

写真1-28 住宅用基礎の深層改良工事

5.4 さまざまな用途

軟弱な土などにセメント系固化材を添加し、攪拌混合することにより安定した改良体を得ることができる固化処理工法がある。

従来から使用されていた、支持力の増加、沈下防止以外でもさまざまな分野で使用されている。

(1)耐震

1995年の阪神･淡路大震災や2011年の東日本大震災での建物の被害調査結果では、固化処理した地盤と処理を施していない地盤を比較した結果、固化処理をした地盤に建っているほとんどの建物が被害を受けていないことが確認されている。また、臨海埋立地での固化処理地盤でも液状化や大きな地盤変状になるような被害はなかったことから、固化処理は液状化対策など耐震分野でも、今後ますます期待されている。

(2)発生土の改良

建設工事に伴って発生する土砂のうち、そのままでは盛土などへの利用が難しい不良土をセメント系固化材で固化処理することで、盛土材や埋土材として有効利用が可能である。建設発生土は固化処理されることで強度が増し、路床として再利用できる。建設発生土の処分場が不足している今日、発生土の再利用は今後ますます重要になっていくテーマである。

(3)流動化処理土

土と水と固化材を加えて混合することで、流動性と自硬性をもたせた処理土が流動化処理土である。れき混じりの土から粘性土までほとんどすべての土を処理でき、また混合水として建設工事から発生する泥水も利用できる。

(4)事前混合処理

あらかじめ土(主に砂質土)に固化材を少量添加して固化処理土を製造し、所定の場所に運搬･埋立して地盤を造成する工法である。東京湾横断道路の千葉県木更津人工島の建設に採用され、今後もさまざまな分野での適用が期待されている。

少しくわしく

[改良土(固化処理土)の強度]

改良の効果は一軸圧縮強さで評価されることが多い。図1-11は改良土の一軸圧縮強さを固化材の添加量と材齢の関係で例示したものである。セメント系固化材を添加した改良土は、一般に添加量が多いほど一軸圧縮強さが大きくなり、改良の直後から材齢の増加に伴って強度が増加する。図に示した土質のような場合には、固化材添加量を一定にすれば普通ポルトランドセメントよりセメント系固化材の添加量が少なくなり、経済的な改良が可能となる場合が多い。なお、固化材添加量と材齢および強度の関係は、いろいろな要因が複雑に影響するので、現場から試料土を採取し、室内配合試験において固化材添加量と一軸圧縮強さの関係を確認しておくことが基本である。また、一軸圧縮強さが増加すると粘着力も増加する。

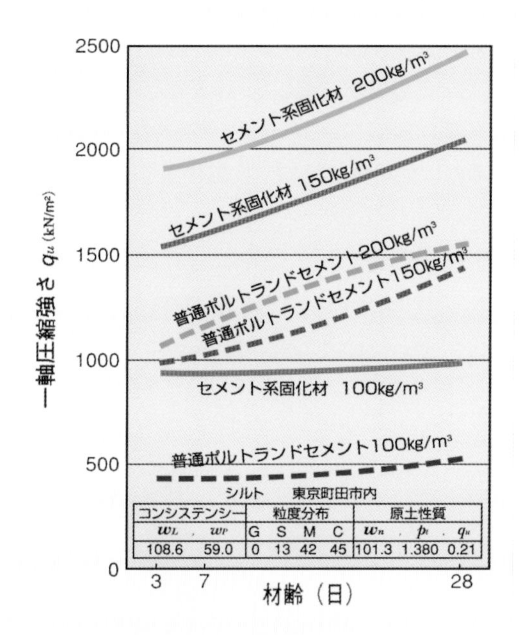

コンシステンシー		粒度分布				原土性質		
w_L	w_P	G	S	M	C	w_n	ρ_t	q_u
108.6	59.0	0	13	42	45	101.3	1.380	0.21

図1-11 セメント系固化材で改良した
シルトの材齢と一軸圧縮強さ

1 コンクリートとは

1.1 コンクリートとは

コンクリートは図2-1のように主にセメント、水、細骨材、粗骨材で構成される。これらをコンクリート中に占める体積でみると、もっとも多いのが粗骨材で、次いで細骨材、水、セメントの順になる。

なおセメント、水、細骨材で構成されるものをモルタル、セメント、水で構成されるものをセメントペーストという。

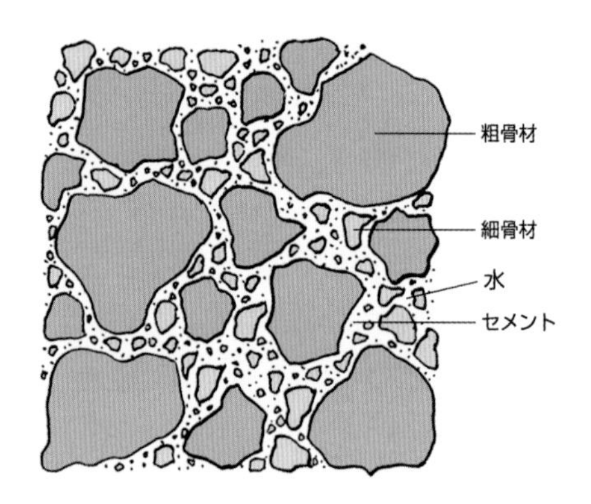

図2-1　コンクリートの構成

コンクリートを構造物に使用する際は、使用材料の選定、材料の使用割合（「配合」あるいは「調合」という）の決定、コンクリートの練混ぜ、運搬、打込み（「打設」ともいう）、養生などの各工程に配慮が必要である。

また、コンクリートは、所要の形状に正確に、かつ均一に使用する必要がある。そのためには、打ち込もうとするコンクリートが、その方法に適した「作業性をもった軟らかさ」である必要がある。コンクリートが硬過ぎれば隅々まで行き渡らせるのに手間がかかったり、型枠面や鉄筋が過密な部分に空洞が残って（型枠をはずしたときに、コンクリートの表面に和菓子の「豆板」のような形の部分ができる場合があり、これを「豆板」あるいは「ジャンカ」と呼んでいる）しまい弱点をつくってしまう。反面、軟らか過ぎれば粗骨材が沈んでしまったり、余った水が表面にたくさん浮いてきたりして、不均一なものとなる。したがって、使用する条件に応じた適度な軟らかさのものをつくることが重要である。

なお、コンクリートは、①まだ固まらない状態のものを「フレッシュコンクリート」、②固まった状態のものを「硬化コンクリート」と呼んでいる。

1.2 鉄筋コンクリート

コンクリートの利点は、自由な形のものがつくれる、耐火性が高い、耐久性に富む、圧縮強度が大きいなどがあり、一方、短所として、引張強度が小さい、質量が大きい（利点として使用する場合もある）、一般的に必要な強度が得ら

写真2-2　超高層ビルの柱の配筋

写真2-1　超高層化が進む臨海部のRC住宅

れるまでに時間がかかる、などがある。

短所のうち、引張強度が小さいことについては、引張強度が大きい鉄筋と複合して使用し、圧縮する力に対してはコンクリートが、引っ張る力に対しては鉄筋が抵抗するようにして使われる。

このコンクリートは一般的には「鉄筋コンクリート」(Reinforced Concrete、略称;RC)と言われている。

同様に、鉄筋コンクリートに鉄骨を加えた「鉄骨鉄筋コンクリート」(Steel Framed Reinforced Concrete、略称;SRC)や、引っ張る力が働く部分にあらかじめ圧縮する力を加えた「プレストレストコンクリート」(Prestressed Concrete、略称;PC)の技術もあり、優れた構造設計方法の開発とともに、あらゆる方面の構造物に使用されている。

また、近年では、鉄筋コンクリートや鉄骨鉄筋コンクリートに比べ、さらに強度や耐火性能を向上させるため鋼管中にコンクリートを充填する「コンクリート充填鋼管柱」(Concrete Filled Steel Tubular Columns、略称;CFT)の技術も普及している。

なお、鉄筋を用いないものを「無筋コンクリート」という。

1.3 コンクリートに使う材料

コンクリートに使う材料は、①セメント、②水、③細骨材(砂)、④粗骨材(砂利、砕石など)、⑤混和材料の5種類に分類される。

(1)セメント

一般にJISに適合したセメントが使用される。セメントの種類は工事の条件や構造物の種類に適したものを選ぶことが重要である。

また、使用する量は通常のコンクリートでは1m³あたり270~380kg程度である。

(2)水

コンクリートの練混ぜに用いる水は、一般的には上水道水、地下水、生コン工場の回収水などが使用される。水は、コンクリートおよび鋼材の品質に悪影響を及ぼす物質を有害量含んではならない。

また、使用する量は通常のコンクリートでは1m³あたり140~180kg程度である。

(3)骨材

砂や砂利、砕石など、コンクリートの体積の約70%を占める骨格部分である。粒子の大きさで分類され、5mm以下のものを「細骨材」、5mmを超えるものを「粗骨材」という。

骨材の品質は、フレッシュコンクリートの性質や硬化コンクリートの強度および耐久性に大きく影響するため、清浄、堅牢、耐久的で適度な粒度をもち、有機不純物、塩化物などを有害量含んではならない。

最近は、天然の砂や砂利が枯渇しつつあるため、岩石を破砕して粒度を調整した砕石や砕砂も多く使用されている。さらに、骨材には高炉スラグを加工したものや、解体したコンクリート塊等を破砕、磨砕等の処理を行い製造した再生骨材、またコンクリートを軽量化する目的で、人工的に焼成した人工軽量骨材なども使用されている。

〔砕石粗骨材〕

〔スラグ粗骨材〕

〔砕砂(細骨材)〕

〔人工軽量粗骨材〕

写真2-3 骨材のいろいろ

(4)混和材料

コンクリートの品質を改善する目的で、必要に応じてコンクリートの成分として加える材料のことを「混和材料」という。使用する量の多少によって以下の2つに分類される。

a)混和材

フライアッシュ、高炉スラグ微粉末、石灰石微粉末、膨張材、防水材など比較的多量にコンクリートの練混ぜ時に混入するものを混和材という。

b)混和剤

混入量が少なく、薬剤的にコンクリートに添加するものを混和剤といい、主なものには、

AE剤

独立した微細な気泡(「エントレインドエア」という)をコンクリート中に一様に分散させて、フレッシュコンクリートの作業性(軟らかさ)を改善したり、硬化コンクリートの耐凍害性を改善するもの

減水剤

セメントを分散させる作用をもち、同一の作業性をもつコンクリートを練混ぜ水を減少させて得ることができる(「減水」機能という)もの

AE減水剤

AE剤と減水剤の機能を合わせもつもので、一般に多く使用されているもの

高性能AE減水剤

AE減水剤よりも減水機能が著しく大きいもの(写真2-4)

このほか、セメントの水和反応を促進させる「急結剤」や「硬化促進剤」、水和反応を遅らせる「遅延剤」、コンクリート中の鉄筋の錆を抑制する「防錆剤」、コンクリートを軽量化するために多量の気泡を混入・分散させる「起泡剤」や「発泡剤」などがある。

写真2-4 同じ水の量でも高性能AE減水剤を加えると
セメントペーストの流動性が著しく高まる

1.4 フレッシュコンクリートの性質

(1)ワーカビリティー

フレッシュコンクリート(まだ固まらない状態のコンクリート)に求められる性質は、運搬、打込み、締固め、仕上げなどの作業が容易にできる適度な軟らかさをもち、なおかつ材料が分離しないことである。この性質を総括的に表現する用語が「ワーカビリティー」である。したがって、「適切なワーカビリティーのコンクリート」といえば、分離したりせずに、施工するのに適した軟らかさをもったコンクリートを意味する。

コンクリートのワーカビリティーの判定には、一般の土木・建築工事に使用されるコンクリートでは、①スランプ試験(図2-2)、舗装やダムの工事に用いられる硬練りのコンクリートでは、②振動台式コンシステンシー試験、また流動性をとくに高めた高流動コンクリートでは、③スランプフロー試験(写真2-5)などが使用される。

このうち、スランプ試験方法およびスランプフロー試験方法は、JISに規定されており、現場において簡便に行える方法として、もっとも普及している。

一般にコンクリート中の水の量が多くなると、図2-3に示すようにコンクリートは軟らかく(スランプは大きく)なる。しかし、軟らかくなると、材料分離が生じやすくなるので、必ずしもワーカビリティーが良いとはいえない。

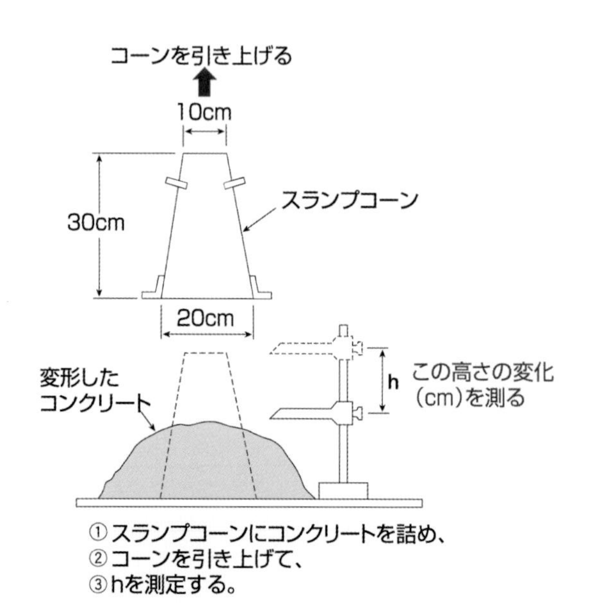

図2-2 スランプ試験の方法

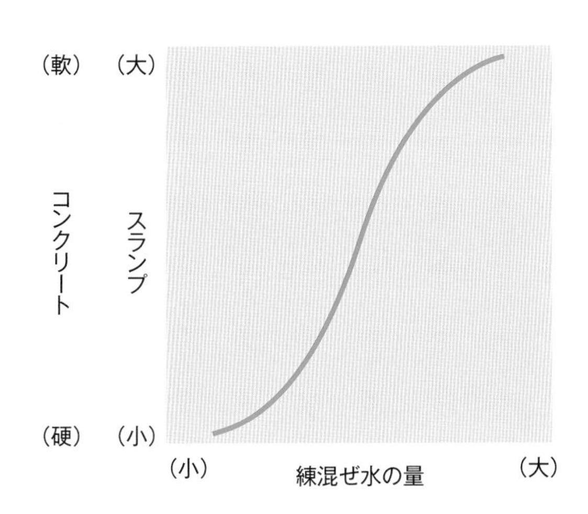

図2-3 コンクリート中の水の量とスランプとの関係

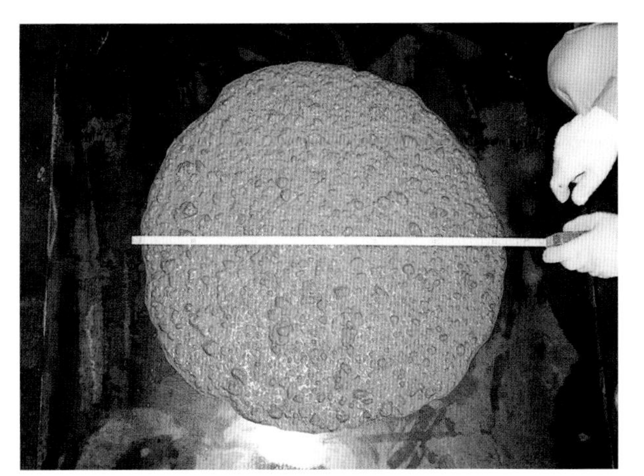

写真2-5 コンクリートの広がりを測るスランプフロー試験

(2)空気量

コンクリートを練り混ぜたり、運搬したり、打設する過程で、コンクリートは空気を自然に巻き込んでしまう。そのようにしてできた気泡は、「エントラップトエア」(Entrapped Air)と呼んでいる。この気泡は硬化した後も残ってしまうとコンクリートの強度が低下したり、コンクリートが酸素や水を通しやすくなることによってコンクリート中の鉄筋を錆びやすくするなどの悪影響を及ぼすことがある。そのため、コンクリートを打設する場合には十分な締固めを行って、巻き込んでしまった気泡を除外するように施工される。

一方、コンクリートの性質を改善するために混和剤を添加して、人工的に所定量の細かい気泡を混入させることが行われている。このような気泡を「エントレインドエア」(Entrained Air)と称し、「連行空気」と呼んでいる。この気泡は、直径が25~250μm程度の大きさで、フレッシュコンクリートの状態では「ボールベアリング」のような作用をしてコンクリートのワーカビリティーを改善し、硬化した時点では凍結融解の繰返し作用に対する抵抗性を向上させる効果をもつ。

このような連行空気を導入する薬剤を、"Air Entraining Agent"の頭文字から「AE剤」と呼んでいる。

空気量は、一般的に図2-4に示す装置で測定される。この測定では、コンクリート中に含まれる空気の合計量を測っているので、エントレインドエアとエントラップトエアの区別はつけられない。ちなみにAE剤を使用したコンクリートの空気量は、3~6%程度(エントラップトエアはそのうち約1.5%)である。

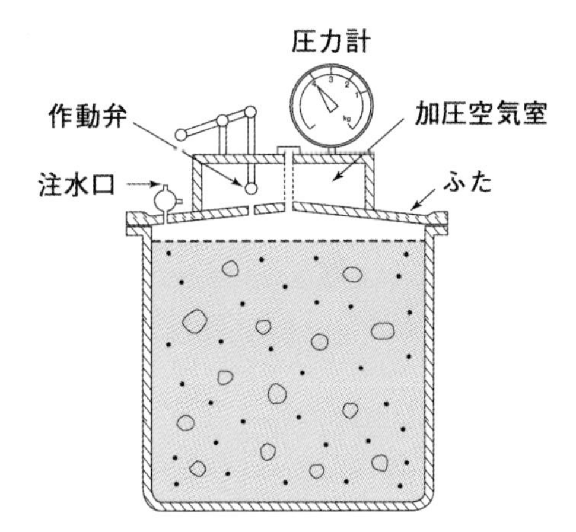

図2-4 空気量の測定装置(圧力方法)

(3)ブリーディング

コンクリートを打設した後、静置しておくと表面に透明な水が浮き上がってくる。これを「ブリーディング」という。このブリーディングの量が多いと、打ち込まれたコンクリートの比較的上部の緻密さが失われ、強度や耐久性が低下する。また、鉄筋や骨材とセメントペーストとの付着も悪くなり、よいコンクリートがつくれないことになる。

ブリーディングを少なくするには、混和剤を使用し、練混ぜ水を少なくしたり、細骨材の微粒分(0.15~0.3mm)を多くするなどが有効である。

1.5 硬化コンクリートの性質

(1)水セメント比

硬化したコンクリートに要求される性質として、強度と耐久性が挙げられる。これらの性質は、コンクリート中の水とセメントの質量比(「水セメント比」といい、セメントペーストの濃度を表現し、"W/C"の記号で表す)による影響が大きいので、コンクリートの性能に及ぼすもっとも重要な要素である。

水セメント比は、図2-5に示すように、その値が大きくなる(濃度が薄くなる)と、強度は低くなり、同様にコンクリートの耐久性も低下する。

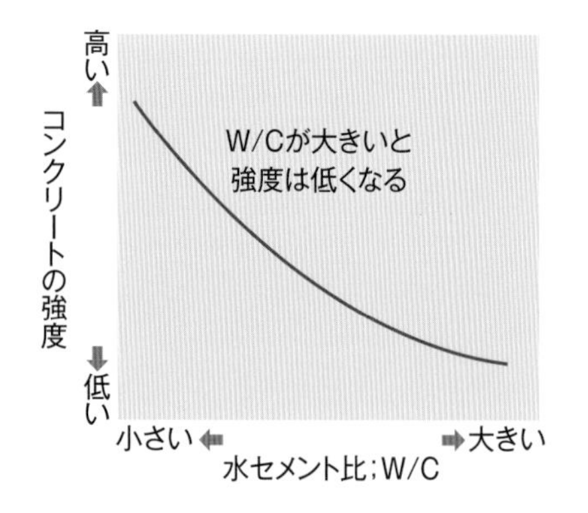

図2-5 水セメント比と強度との関係

コンクリートの強度に影響を及ぼす因子には、コンクリート材料の品質、配合条件(水セメント比、空気量など)、施工条件(コンクリートの製造、運搬、養生など)がある。

また、圧縮強度、引張強度、曲げ強度とも、養生される条件により大きく異なる。養生条件には、①温度、②湿度、③養生期間(材齢)などがあるが、セメントの水和反応が阻害されないよう、「振動や衝撃を与えず、低過ぎず高過ぎない温度で、乾燥させることなく、十分な期間」の養生をすることが基本である。

(2)コンクリートの強度

1)圧縮強度

硬化コンクリートの性質で重要なものに「圧縮強度」がある。コンクリートでは単に「強度」といえば圧縮強度を指す。これは、圧縮強度が他の強度(引張強度、曲げ強度など)に比べて汎用的に用いられている物性値であり、また、圧縮強度から他の強度の推定や耐久性の目安をつけられていることが多いからである。

圧縮強度は、円柱形の供試体が圧縮されて壊れる時の力を測定して求める(写真2-6)。円柱供試体の寸法は、使用している骨材の大きさによって異なるが、20mmの粗骨材を用いた場合は、直径10cm、高さ20cmのものが使用される。

一般の土木・建築工事に使用されるコンクリートの圧縮強度は、15~60N/mm^{2}程度である。しかし、最近では「高強度コンクリート」として100N/mm^{2}を超えるものもつくられるようになっている。

なお、コンクリートの圧縮強度は、一般的に材齢28日における20℃の水中で養生した供試体の試験値を指す。

写真2-6 供試体による圧縮強度試験

2)引張強度

引っ張る力に抵抗する最大の応力を「引張(ひっぱり)強度」といい、引張強度は圧縮強度の1/10~1/14程度である。

コンクリートを直接引っ張って試験することが難しいので、JISの試験方法では、圧縮試験と同様な円柱供試体を横にして圧縮(写真2-7)し、供試体が割れる時の応力を測定して求める。

3)曲げ強度

曲げる力に抵抗する最大の応力を「曲げ強度」という。圧縮強度の1/5~1/8程度で、主に舗装用のコンクリートの設計に使用される強度である。曲げ強度は、直方体の供試体(15cm×15cm×53cm、あるいは、10cm×10cm×40cmの大きさのもの)に折り曲げる力を加えて(写真2-8)、折れた時の応力を測定して求める。

4)その他の強度

その他の強度として、「はさみ」のように「押し切る」力に抵抗する程度を表す「せん断強度」、局部的な荷重がかかった時の強度である「支圧強度」、鉄筋との付着の強度を表す「付着強度」などがあり、それぞれ試験方法がある。

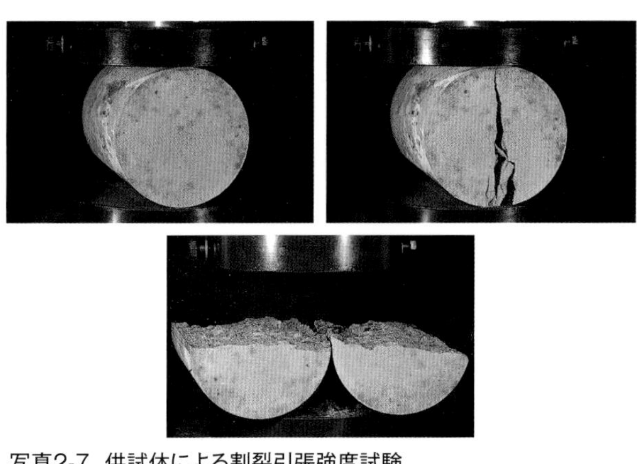

写真2-7 供試体による割裂引張強度試験

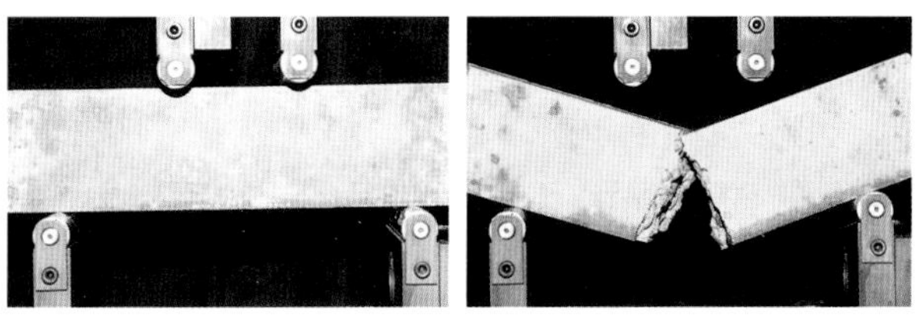

写真2-8 供試体による曲げ強度試験

(3)コンクリートの耐久性

耐久的なコンクリート構造物をつくるには、良質な材料を使用し、適切な配合で、密実なコンクリートをつくるように十分な締固めと養生が必要である。

1897年に着工された小樽築港・北防波堤コンクリートは、北国の厳しい風や波浪など過酷な環境下でも100年以上健全な状態を保っている(写真2-9)。また、東京の丸の内ビルディングは建築後74年で解体されたが、その解体調査によるとコンクリートの圧縮強度が26.6N/mm^{2}あり、鉄筋の腐食(錆や孔食など)がほとんど認められず、コンクリートの内部組織も健全であったことが報告されている。これらのことから、コンクリートは、所要の品質が確保されれば100年以上もの耐久性をもった、きわめて丈夫な建設材料であるといえる。

そのようなコンクリートも材料の品質や配合、施工、養生方法やコンクリートが置かれる環境などによっては、コンクリートの耐久性が阻害される。

コンクリートの耐久性を阻害する要因・現象には、

a.外部からコンクリートに浸透する塩化物や、使用した材料に含まれている塩化物によって生じる鉄筋の腐食

b.空気中の炭酸ガス(二酸化炭素/CO_2)によってコンクリートの表面からアルカリ性が失われる(中性化)ことで生じる鉄筋の腐食

c.寒冷地においてコンクリートが凍結と融解の繰り返しを受けると、コンクリート中の水分も同じことが繰り返され、それによってコンクリート内部の水圧が増大してコンクリートが損傷する凍結融解作用による劣化

d.コンクリートの乾燥による収縮、またセメントの水和熱による温度応力によるひび割れ

e.アルカリとの反応性をもつ骨材とセメント中のアルカリ(Na_2O、K_2O)が反応して、有害な膨張現象を生じるアルカリ骨材反応による劣化

f.酸、硫酸塩、薬剤や酸性ガスなどの化学的作用による劣化

g.水流や繰り返し荷重など物理的な原因による磨耗や浸食の劣化

などがある。

これらへの対応は、劣化原因ごとに異なるが、それぞれの条件に応じて適切なコンクリートを用いることが重要である。特に、

a.鉄筋の腐食に対しては、使用材料にそれぞれ規制値を設け、コンクリート中の塩化物量を0.3kg/m^{3}以下に規制(総量規制)する。

b.凍結融解に対しては、混和剤を用いてコンクリート中に独立した微細な気泡を入れ、抵抗性を改善する。

c.アルカリ骨材反応に対しては、安全性が確認されている骨材または、高炉セメントやフライアッシュの使用、コンクリート中のアルカリ量を3.0kg/m^{3}以下に規制する。

こうした、さまざまな基準や仕様に従って設計・施工することで、はじめて所要の性能と耐久性が確保されることになる。

写真2-9 小樽築港・北防波堤[提供:北海道開発局]

写真2-10 アルカリ骨材反応によるひび割れ

少しくわしく

[水セメント比と強度の関係]

良質の骨材を用い、ワーカビリティーの良いコンクリートを十分に締め固めたコンクリートでは、セメント水比(水セメント比の逆数。"C/W"の記号で表す)と圧縮強度(通常"σ"で表す)との間に、直線関係があることが知られている。この関係は、一般に次式で表される。

圧縮強度;σ=A·C/W+B

(ここに、A、B;材料、配合条件、養生方法、材齢によって決まる定数)

この式から必要な圧縮強度に対するセメント水比が求められ、計算上、逆数である水セメント比·W/Cが得られる。

[養生条件と強度]

コンクリートの強度発現は養生条件に左右される。図2-6は、養生する温度を5℃~30℃に変化させた場合の初期の材齢における圧縮強度比の例である。

5℃程度の低い温度で養生すると、1週間経っても20℃で養生した場合の2日程度の強度しか得られないことがわかる。言い換えれば、寒冷な季節に工事をする場合には長期間の養生が必要ということになる。

一方、温度が高ければ、初期強度の発現は大きいが、長期強度の伸びは小さくなり、乾燥の影響も受けやすいので、夏季の工事ではコンクリートの温度が上り過ぎないよう、直射日光を避けるための日除けが必要な場合もある。

とくに舗装のように表面積が大きなものでは、季節を問わず乾燥の影響を受けやすいため、写真2-11に示すように、養生マットで覆い、適宜散水して養生を行っている。

[静的試験と動的試験(疲労)]

本文に示した、圧縮強度、引張強度、曲げ強度は、それぞれJISに定めた試験方法によって求められる。これらは、厳密には「静的強度」(Static　Strength)といわれる。「静的」とは、「破壊するまで、ゆっくりかけられた、1回だけの力に抵抗する強さ」のことで、「どの位の力まで耐えられるか」を表している。一般の構造物では、このような破壊するほどの力が加わっては危険なので、十分な余裕を持たせるように設計されている。

一方、実際の力(荷重という)は、橋や建物の床のように「1回だけ作用する」ということはほとんどなく、何度も何度も繰返し作用している。コンクリートに限らず、このような繰返しの荷重が作用すると、「1回で破壊する荷重」ほど大きな力が作用しなくても破壊することがある。これを「疲労破壊」と呼んでいる。

疲労は、作用する荷重の「大きさ」と「頻度」によって異なる。疲労試験は、5Hz(1秒間に5回)程度の非常に速い頻度で200万回位まで荷重を作用させて行っている。上述の「静的」に対比して「動的強度」(Dynamic　Strength)と呼ばれており、疲労に対する寿命を予測したりするのに用いられる。

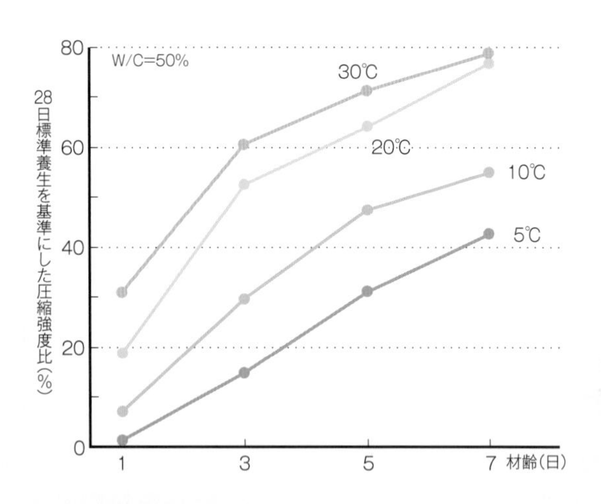

図2-6 養生温度の影響

写真2-11 コンクリート舗装の散水養生

1.6 コンクリートのつくり方

コンクリート（モルタル、セメントペーストの場合も含まれる）をつくるときの各材料の混合割合または使用量を「配合」（土木構造物の場合）、あるいは「調合」（建築構造物の場合）という。

配合・調合（以下、配合という）によってコンクリートの性質は大きく異なるので、使用する条件に合わせて適切に決める必要がある。すなわち、作業に適した「ワーカビリティー」、所要の「強度」および「耐久性」を満足するように、配合を定める。そのためには、必要な試験を行って、要求される性質を満足するように配合を決める。その行為を、土木工事では「配合設計」、建築工事では「調合設計」という。

コンクリートの配合設計の手順は、いろいろな方法があるが、おおむね以下のように整理することができる（表2-1）。

① 使用する材料の密度を求める。

② 作業に適した必要なワーカビリティー（スランプの値で表す）から単位水量を決める。
→コンクリートの単位水量（コンクリート1m³中の水の質量）の概略が決まる。

③ 強度と耐久性の要求性能から水セメント比を決める。
→単位水量と水セメント比から単位セメント量（コンクリート1m³に必要なセメントの質量）が決まる。

④ 細骨材と粗骨材の混合容積比率（細骨材率あるいは“s／a”と称する）を決める。

⑤ 各材料の容積の合計が空気量を含めて1m³になるように計算する。その際、空気量を想定する。

⑥ 各材料の容積に密度を乗じ、単位量を求めると計算上の配合となる。

⑦ 計算上の配合で実際に練り（試験練り）、所要の品質であるかどうかを確かめ、各材料の単位量を修正する。

こうして得られた配合は、土木工事では「示方配合」（表2-2）、建築工事では「計画調合」（表2-3）と称している。また、示方配合（計画調合）のコンクリートが得られるように現場における材料の状態および計量質量に応じて定めた配（調）合を「現場配合」、「現場調合」という。

コンクリート編

表2-1　配（調）合設計の手順

手順	概要	水セメント比 W/C(%)	細骨材率 s/a (%)	材料の種別				
				水 W	セメント C	細骨材 S	粗骨材 G	混和剤 C×0.25%
①	各材料の密度を求める。	――	――	(1.00) (g/cm³)	(3.15) (g/cm³)	(2.52)* (g/cm³)	(2.58)* (g/cm³)	――
②	所要のワーカビリティーおよびコンクリート性能照査から単位水量の概略を仮定する。	――	――	160 (kg/m³)	――	――	――	――
③	強度と耐久性の性能照査から水セメント比を決め、単位セメント量を計算する。	50	――	160 (kg/m³)	$160 \div \frac{50}{100}$ =320(kg/m³)	――	――	――
④	細骨材率s/aを設定する。	50	42	160	320	――	――	――
⑤-1	細・粗骨材の容積を計算する。このとき空気量を40ℓ/m³と想定しておく。	50	42	160 (ℓ)	320÷3.15 =102(ℓ)	1000−(160+102+40) 698(ℓ)		――
⑤-2	各材料の容積を求める。	50	42	160 (ℓ)	102 (ℓ)	$698 \times \frac{42}{100}$ =293(ℓ)	$698 \times \frac{(100-42)}{100}$ =405(ℓ)	――
⑥	各材料の容積に密度を掛けて、単位量(kg/m³)を求めて、配合とする。	50	42	160** (kg/m³)	320 (kg/m³)	293×2.52= 738(kg/m³)	405×2.58= 1045(kg/m³)	$320 \times \frac{0.25}{100}$ =0.8(kg/m³) =800(g/m³)

注：*骨材の密度は「表乾密度」とする。
　　**一般に配（調）合表に示されている水（W）には混和剤も含まれる。

表2-2　示方配合の表し方

粗骨材の最大寸法(mm)	スランプの範囲(cm)	空気量の範囲(%)	水セメント比 W/C(%)	細骨材率 s/a(%)	単位量(kg/m³)						
					水 W	セメント C	細骨材 S	粗骨材G mm		混和材料	
										混和材	混和剤
20	8±1.5	4±0.5	50	42	160	320	738	(5~10mm) 418	(10~20mm) 627	――	800 mℓ/m³

注：混和剤の使用量は、mℓ/m³またはg/m³で表し、薄めたりしないものを示す。

表2-3　計画調合の表し方

調合強度(N/mm²)	スランプ(cm)	空気量(%)	水セメント比(%)	粗骨材の最大寸法(mm)	細骨材率(%)	単位水量(kg/m³)	絶対容積(ℓ/m³)				質量(kg/m³)				化学混和剤の使用量(mℓ/m³)または(g/m³)
							セメント	細骨材	粗骨材	混和材	セメント	細骨材*	粗骨材*	混和材	
21	18	4	60	20	46	168	89	323	380	―	280	814	980	―	700

注：＊絶乾状態か、表面乾燥飽水状態かを明記する。ただし、軽量骨材は絶乾状態で示す。
　　混合骨材を用いる場合、必要に応じ混合前のそれぞれの骨材の種類および混合割合を記す。

1.7 コンクリートの製造

コンクリートの製造は、一般の工事ではコンクリートの製造設備をもつ生コン工場（レディーミクストコンクリート《Ready-mixed Concrete》工場、写真2-12）で行われる。また、一般に海洋工事などでは、製造設備を搭載したミキサ船が、ダム工事では専用の製造設備が使用される。

コンクリートの製造設備は、図2-7に示すように、各材料の貯蔵設備、計量機、ミキサおよびこれらの制御装置で構成され、生コンクリート（通称:生コン）の場合は、運搬車『アジテータ車（通称:生コン車）』で工事現場へ運搬される。

「生コン」とは、フレッシュコンクリートのことを指す場合もあるが、通常の工事では、固定されたプラントで製造したコンクリートを指すことが多い。

生コン工場は、欧米諸国では戦前から普及していたが、わが国では1949（昭和24）年に初めて、東京において誕生した。1953（昭和28）年には、大阪、横浜、名古屋などにも工場ができ、同年11月には生コンの規格がJIS A 5308「レデーミクストコンクリート」（現在は『レディーミクストコンクリート』）として制定された。

生コンは、それまでの工事現場でつくられたコンクリート（生コンに対し、「現場練りコンクリート」と呼ばれる）より品質が良く、安定しているなど多くの利点が認められ、この後急速に全国規模で普及した。2018年3月末の全国の

写真2-12　生コン工場

生コン工場数は、3,298工場で2018年度の生コン出荷量は、約8,500万m³となっている。

生コンのJIS規格は、その後数回にわたる改正が行われ、現在では①適用範囲、②引用規格、③種類、④品質、⑤容積、⑥配合、⑦材料、⑧製造方法、⑨試験方法、⑩検査、⑪製品の呼び方、⑫報告、等について詳しく規定している。

また、生コン工場にはJISマーク表示許可工場がある。この工場は、認証機関の厳しい検査に合格したことを表示したもので、工場選定の際には、JISマーク表示許可工場を指定することが好ましい。生コンを購入するときは、通常は生コンのJIS規格（JIS A 5308）に記載される「粗骨材の最大寸法、スランプ及び強度を組合せた表」から所要のものを選定して注文する。

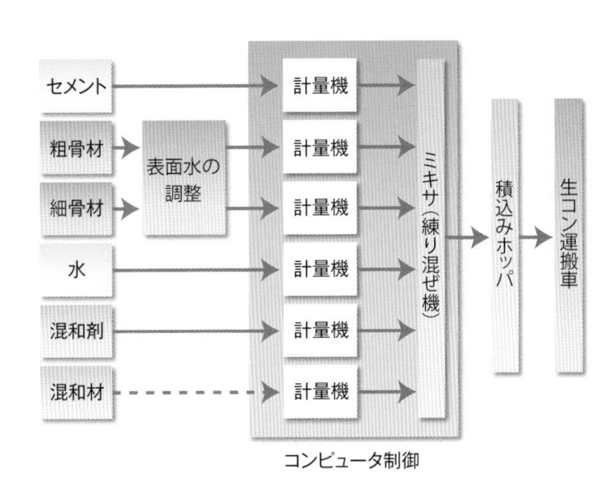

図2-7 生コンのできるまで

1.8 コンクリートの施工と養生

コンクリートの施工にあたり型枠、支保工、鉄筋工について事前に十分検討しておくことが重要である。

型枠は、工事現場でコンクリートを流し込むための枠で、その材料は木製、鋼製などの種類がある。型枠に必要な機能としては、①漏れない、②完成した構造物の位置・形状や寸法が正確である、③加わる重みに対し、くるいが発生しない程度に堅固、④組み立て・取り外しが安全かつ容易なこと、が重要である（写真2-13）。

型枠を支えるのが支保工である。材料の種類は金属製、木製などがある。その働きは、①型枠にかかるコンクリートなどの重みによる変形をできるだけ少なくする、②取扱いが容易なこと、が重要である。

写真2-13 RC集合住宅の下層階部に組まれた型枠と支保工

鉄筋工とは型枠のなかに設置する鉄筋の組み立て・配置をいう。ここで重要な点は鉄筋表面からコンクリート表面までのコンクリートのかぶり厚さを正確にとることである。このため鉄筋と型枠板との間に、つり金物・モルタル塊、プラスティック製のスペーサなどを適切に配置する必要がある。

(1)コンクリートの施工

コンクリートの運搬、打込み、締固めにおいては、コンクリートの品質を変化（スランプの低下、空気量の減少、骨材の分離）させないように、できるだけ短時間で運搬し、分離（ブリーディング、骨材の分離）ができるだけ少なくなるように打ち込み、型枠の隅々まで密実に締め固めることが重要である。

生コンの運搬には、普通のコンクリートでは、ドラムを回転しながら走行する「アジテータ車」（写真2-14）が使用されるが舗装やダム用の硬練りのコンクリートでは、ダンプトラックも使用される。

写真2-14 生コンを運搬するアジテータ車（通称:生コン車）

写真2-15 ポンプ圧送によるコンクリート打設

工事現場内の運搬には、コンクリートポンプ、バケット、シュートなどが使用され、中でも、運搬の連続性や能力に優れたコンクリートポンプが多く使われている。

コンクリートポンプは、パイプ（輸送管）とポンプを用いてコンクリートを圧送する方法で、水平距離で数百m、高さで数十mの圧送が可能である（写真2-15、2-16）。

コンクリートの打込みは、鉄筋の配置や型枠を変形させないよう注意し、一区画のコンクリートが一体となるように、連続して行うことが重要である。

コンクリートの締固めは、普通のコンクリートでは内部振動機（バイブレータ）を使用して、型枠の隅々まで密実になるように行う。非常に硬練りの舗装コンクリート（転圧コンクリート舗装、略称;RCCP）やダムコンクリート（転圧コンクリートダム、略称;RCD）では振動ローラが使用される（写真2-17）。

写真2-16 ポンプ車によるコンクリートの圧送

写真2-17 国道バイパスでのRCCP工事

(2)コンクリートの養生

コンクリートの打込み後、必要な強度が得られる期間まで有害な外的影響から保護することを「養生（ようじょう）」という。

その原則は、①コンクリートの硬化中は適当な温度に保ち、②十分な水分を与えて湿潤に保ち、③セメントの水和反応を阻害することなく強度を発現させ、④直射日光や風などによって、コンクリートの表面から水分が蒸発したり、雪や寒気によってコンクリート中の水分が凍ったりしないように保温する、⑤衝撃や過度の荷重を与えない、などがある。

とくに初期の養生は大切で、十分養生したかどうかが、コンクリートの強度発現や耐久性を左右する。

養生方法としては、①コンクリートに散水する、②濡れたマット等で覆う、などの方法が有効である。

なお、寒い時期の工事では、保温シートで覆い、ヒーターでコンクリートを暖めるなどの方法もとられる。また、特殊な養生としては、高温で養生する「蒸気養生」、高温高圧で養生する「オートクレーブ養生」（45ページ）などがあり、これらは主にコンクリート製品の製造工場で行われている。

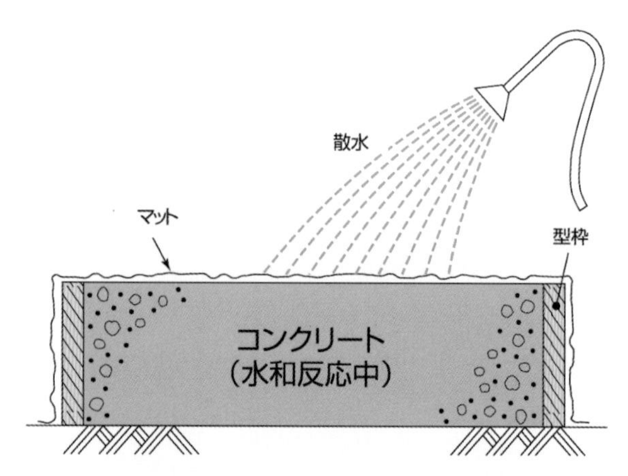

図2-8 養生の基本

2 いろいろなコンクリート

2.1 高強度コンクリート

通常のコンクリートの圧縮強度は、例えば、生コンのJISでみると、「呼び強度45」すなわち45N／mm²が最大値である。これに比較して強度が高いものを高強度コンクリートと称している。

高強度コンクリートをつくるには、①水セメント比を小さくする、②空気量を小さくする、③付着力に優れた硬質な骨材を用いる、④十分な締固めを行う、⑤十分な養生を行う、などが必要である。これらの中で、とくに水セメント比については、高性能AE減水剤の開発により単位水量を最小限に抑えたものが可能となっている。また、締固めや養生の効果を増大させた、後述の「遠心力締固め」や「オートクレーブ養生」等によっても高強度コンクリートがつくられている。

高強度コンクリートを使用すると、鉄筋コンクリートなどの部材断面を小さくすることができ、結果として自重を軽減できる。このことからも、橋梁、タンク、高層ビル、プレキャスト工場製品などに多く用いられている。

最近では、80～120N／mm²程度のものがつくられるようになり、このようなコンクリートを別途「超高強度コンクリート」と称する場合もある。現在、材齢1日で30～90N／mm²、材齢28日で100～150N／mm²のものもつくられている。

写真2-18　高強度コンクリートで施工された超高層RC集合住宅

2.2 高流動コンクリート

施工性の改善等を目的として、コンクリートの流動性を高めたものを「高流動コンクリート」と称する。高流動コンクリートは、流動性ばかりではなく、材料分離抵抗性にも優れ、型枠の隅々まで充塡でき、硬化後の強度や耐久性にも優れるなどの特徴をもっている。

高性能AE減水剤による流動性の増大のほか、フライアッシュ、高炉スラグ微粉末、石灰石微粉末などの混和材や、「メチルセルロース系ポリマー」、「グルコース系増粘剤」等の増粘剤により粘性を高めるなど、材料分離抵抗性を確保しつつ高い流動性をもたせることなどが行われている。

高流動コンクリートは、コンクリート品質の信頼性向上、現場の省力化、打込み･締固め作業にともなう騒音の低減による労働環境の改善、ひいては施工システムの合理化などへ効果がある。

写真2-19　斜面安定アンカー受圧板も高流動コンクリートを使用

2.3 流動化コンクリート

あらかじめ練り混ぜられたコンクリートに流動化剤を添加し、これを撹拌して流動性を増大させたコンクリートを「流動化コンクリート」という。

このコンクリートは、単位セメント量、単位水量を増大することなく、コンクリートの品質を保持したまま流動性に優れたコンクリートにすることができるので、ポンプ圧送性等の施工性を改善できる特徴がある。

2.4 マスコンクリート

大型コンクリート構造物や断面寸法の大きなコンクリート構造物を「マスコンクリート」という。

こうしたコンクリートは、大きな体積のフレッシュコンクリートを大規模な形で施工するため、セメントの水和熱によってコンクリートの温度が上昇する。この温度上昇によって膨張したまま硬化したコンクリートが、徐々に放熱して収縮していくときに自由に変形ができないと、コンクリートに引張応力が発生して、ひび割れが生じやすくなる。このようにして発生したひび割れを「温度ひび割れ」と称しているが、マスコンクリートでは、この温度ひび割れを防ぐために特別な配慮が必要になる。

マスコンクリートとして対象となる構造物の部材寸法は、構造形式や材料、施工条件によってさまざまであるが、スラブでは厚さが80～100cm以上、下端が拘束された壁では50cm以上とされている。

また、ダムに使うコンクリートは、「ダムコンクリート」として区別して扱われることがある。

このようなマスコンクリートでは、温度ひび割れを制御するために以下のような材料、配合、施工面でいろいろな対策がとられている。

① セメントは水和熱の小さな低熱ポルトランドセメント、中庸熱ポルトランドセメント、フライアッシュセメント、高炉セメント、または高炉スラグやフライアッシュを普通ポルトランドセメントまたは中庸熱ポルトランドセメントに混合したものを用いる。

② 単位セメント量および単位水量をできるだけ小さくする。

③ 骨材、水などの材料を冷やしてから練り混ぜてコンクリートの温度を低くする（「プレクーリング」と呼ばれる）。

④ コンクリート中にパイプを配管しておき、冷却用の水を流して温度上昇を少なくする（「パイプクーリング」と呼ばれる）。

⑤ ダムでは、粗骨材の最大寸法を150mm程度とできるだけ大きくする。放熱時の拘束を緩和するように収縮目地を設けて、ブロック割りを行って施工する。

写真2-20　マスコンクリートの代表格・ダム（温井ダム）

①に示したセメントを使用したコンクリートは、本州四国連絡橋・明石海峡大橋に代表されるような極めて大型の構造物の温度応力によるひび割れを抑制するために開発されたものといえる。

従来、大きな容積をもった構造物の水和熱による温度上昇を抑制するためには、材料をあらかじめ冷やしておく「プレクーリング」や、パイプを配管しておき、水を通して冷却する「パイプクーリング」などの対策が採用されてきたが、セメントの水和熱自体を小さくすることが有効であるため、低発熱型のセメントが使用されている。これらのセメントを用いたコンクリートは、明石海峡大橋の基礎のほか、来島大橋アンカレイジ、横浜ランドマークタワーのマット部、東京港航路横断橋（レインボーブリッジ）のアンカレイジなどに使われている。

写真2-21　東京港航路横断橋（レインボーブリッジ）のアンカレイジ

写真2-22 LNGタンク底版のコンクリート施工

2.5 軽量コンクリート

軽量骨材などを用いて、質量または密度を通常のコンクリートより小さくしたコンクリートを「軽量コンクリート」という。軽量コンクリートを使用することによって上部構造物の軽量化が可能となり、基礎工荷重も小さくなり経済的になる。

写真2-23 密度1.4の軽量骨材を使用したコンクリートカーテンウォールで施工された高層建築

軽量コンクリートに使用する軽量骨材には、天然骨材や人工骨材があるが、これらを用いたコンクリートはとくに軽量骨材コンクリート（乾燥した状態の密度で約2.0g／cm^3以下）と呼ばれており、橋梁の床版や建築物の床スラブなどに使用されている。とくに、最近では建築物の高層化に伴うコンクリートの軽量化への要望が高まっており、床スラブに使われることが多くなっている。

一方、軽量コンクリートの耐久性を改善して高強度化する試みもなされ、大型海洋構造物として北極海で石油掘削用の構造物に使用されている例もある。

ちなみに、コンクリート1m^3当たりの質量は、無筋コンクリートで2.3～2.35t、鉄筋コンクリートで2.4～2.5t、軽量コンクリートで1.5～2.0tである。

2.6 ポーラスコンクリート

ポーラスコンクリート（多孔質なコンクリート）には、緑化コンクリート、排水性・透水性コンクリートなどがある。

(1)緑化コンクリート

緑化コンクリートは、コンクリート構造物と自然との調和や大都市部の気温が著しく上昇するヒートアイランド現象の緩和など環境保全を目的にコンクリートに緑を取り入れる技術のひとつとして開発された。近年では河川護岸や道路法面（のりめん）などに積極的に導入されつつある。

コンクリートの力学的な機能と植栽基盤としての働きを合わせもつもので、コンクリート内の空隙に植物の育成に必要な土壌や肥料、または保水材や種子を充填する。植物は、空隙部分に根をおろして行き、土壌中と同じように育成することで緑化させる。

(2)排水性・透水性コンクリート

排水性・透水性コンクリートは現在、道路舗装の分野で特に注目されており、研究開発の結果、最近では実車道への利用が開始されつつある。

路面に溜まった雨水などをポーラスコンクリート構造を通じて、配水管に導いたり、直接、路盤に浸透させることで走行車両の安全性確保や道路周辺の環境保全、メンテナンス軽減が可能となる。具体的には、①雨天でも舗装路面に水が滞留せず、ハイドロプレーニング現象が発生しない、②走行車両のタイヤと路面との間で圧縮された空気によって起こる騒音が抑制され、その反射音も軽減できる、③高耐久性、高寿命化が発揮される、④排水の一部を貯留して温度低減効果を発揮する、などの特徴がある（写真2-24、2-25）。

写真2-24 排水性コンクリート舗装の表面

写真2-25 排水性コンクリート舗装

2.7 水中コンクリート

水中でコンクリートを施工する場合には、コンクリートが水に攪乱されて品質が低下しないように、トレミーと呼ばれる管やコンクリートポンプ圧送管、底開き箱等を用いて、これらを通して打ち込まれる。このような場合に使うコンクリートを「水中コンクリート」と呼んでいる。

水中コンクリートは、そのコンクリートを打ち込む場所の水の流速などによって洗い流される作用に左右される。こうした水中での洗い作用に抵抗して材料分離が生じないようにできる「水中不分離性混和剤」を用いた水中不分離性コンクリートが実用化されている。このコンクリートは、「水中不分離性コンクリート」と呼ばれ、水の洗い作用に対する優れた材料分離抵抗性のほか、自然に流動・沈下して均一に敷き均される、いわゆるセルフレベリングの性能をもっているので、水中の工事がスムーズに行えるようになっている。また、特別な締固めも不要であり、水中なので養生を行う必要もなく高い強度が得られる特徴もあり、海中の橋脚基礎、護岸、防波堤工事等に使用されている（写真2-26）。

写真2-26 海中での水中不分離性コンクリートの打設

2.8 プレパックドコンクリート

型枠にあらかじめ40mm程度以上の粗い粗骨材を詰めておき、その間隙に特殊なモルタルを注入してつくるコンクリートを「プレパックドコンクリート」と呼んでいる。この方法で良質のコンクリートをつくるためには、特別な粒度の粗骨材を使用し、注入するモルタルは、①流動性が大きい、②材料分離が少ない、③粗骨材を強固に結合し適度に膨張する、ものが良い。そのため、混和材料には、フライアッシュ、高炉スラグ微粉末と減水剤、アルミ粉末などの発泡剤等が用いられる。

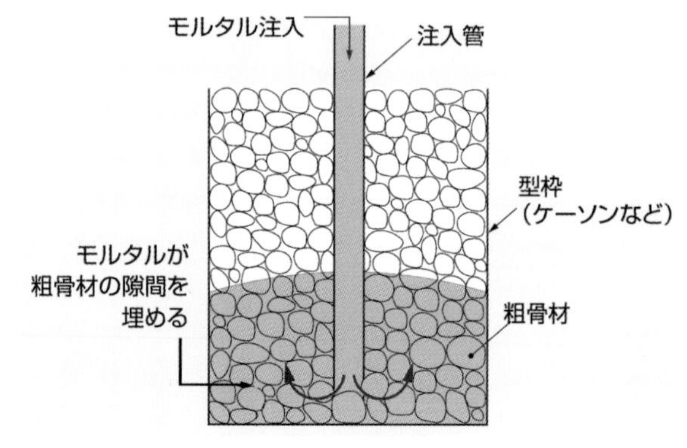

図2-9 プレパックドコンクリートの原理

この方法は、水中の基礎構造物や護岸、構造物の補修などに利用されている。とくに最近では、施工速度が速いことから、大規模な水中施工となる長大橋の基礎などの大規模プレパックドコンクリートやモルタル強度を高めた高強度プレパックドコンクリートも使用されている。

2.9 吹付けコンクリート

圧縮した空気によって吹き付けるコンクリートを「吹付けコンクリート」という。

吹付けコンクリートの施工方法には乾式と湿式の2種類がある。乾式方法は、セメントと骨材を乾燥した状態で混合して一方のノズルから噴射し、他のノズルから水を噴射して吹き付ける方法で、湿式方法は練り混ぜたものを吹き付ける方法である。いずれの方法もコンクリートを吹き付けた状態で硬化させる必要があるので、吹付け面に付着しやすく、くずれ落ちたりしないよう、骨材は粒径が小さいものを使用する。

吹付けコンクリートは、比較的小規模な機械で施工できる、型枠を必要としない、急速施工が可能である、などの特徴がある。また、従来は法面、斜面あるいは壁面の剥離や剥落などを防止するために使われてきたが、最近は、吹付け機器やシステム、材料の改良などにより、吹付けコンクリートの品質、施工性や作業環境が著しく向上し、トンネルの1次覆工、ライニング、ダムや橋梁の補修・補強工事などに使用されている。

写真2-27 法面吹付け工事

写真2-28 吹付けコンクリート工法で覆工された地下石油備蓄用のトンネル

2.10 繊維補強コンクリート

コンクリートの中に鋼繊維やガラス繊維などの繊維を補強のために混入し、引張強度、曲げ強度、ひび割れ抵抗性や靱性（じんせい：ねばり）などを改善したコンクリートを「繊維補強コンクリート」という。このコンクリートは、繊維の種類、混入する量、その分散の仕方、繊維の方向の分布などによって性質が異なる。

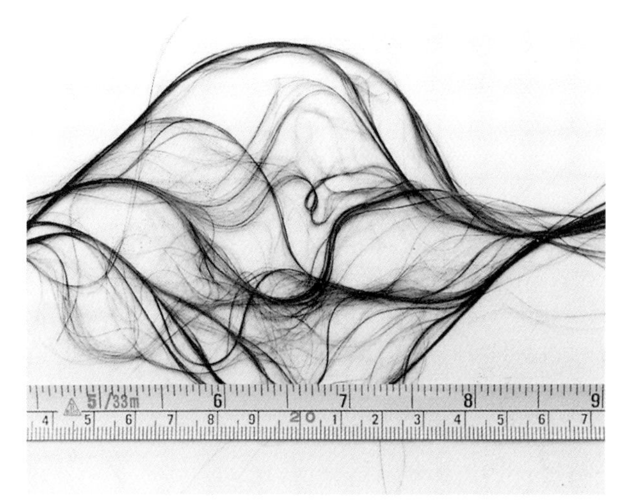

写真2-29 炭素の長繊維

このうち、繊維の混入量(質量割合の「混入率」で表示される)はコンクリートに及ぼす影響がとくに大きく、引張強度や靱性が大幅に改善されるが、混入量が多くなるとコンクリートの練混ぜが難しくなったりするので、現状では、鋼繊維の場合で1～2%の混入率が限界となっている。

繊維の種類は、その材質のほか、繊維の長さで短繊維と長繊維の2種類に分類される。短繊維には、鋼繊維、耐アルカリガラス繊維、ビニロン繊維や炭素繊維などがあり、モルタルやコンクリートを全体的に補強するのに用いており、舗装のコンクリートオーバーレイ、トンネル覆工、コンクリート製品、ビルなどの外壁材として用いるカーテンウォールなどのプレキャスト部材、柱や梁などがある。

一方、長繊維には炭素繊維やアラミド繊維が用いられ、これを樹脂や無機結合材で棒状に固めた長繊維補強材を鉄筋やPC鋼材に代わるコンクリート構造物の補強材として用いるものがある(41ページ)。この用途としてPC桁、PC床版、吊床版、非耐力壁などがある。

写真2-30 ガラス繊維補強セメントで印象的な外観を演出した水道施設

2.11 膨張コンクリート

コンクリートに膨張材を混入し、その膨張力を利用して収縮量を低減したり、引張強度を改善したりするコンクリートを「膨張コンクリート」という。

膨張材は、コンクリートに混入して練り混ぜた場合、水和反応によって「エトリンガイト」または「水酸化カルシウム」等を生成する、コンクリートを膨張させる作用のある混和材料である。

膨張コンクリートには、①収縮量に相当する分だけ膨張させる場合や、②さらに大きな膨張力を発揮させて、あらかじめコンクリートに圧縮応力を発生させておき、引張応力を軽減させる場合(「ケミカルプレストレス」と呼ばれる)の2種類がある。

膨張コンクリートは、その膨張効果によって、乾燥収縮によるひび割れを減少させることができる。また、ひび割れに対する抵抗力が大きくなることから、建築物の床や壁、コンクリート製品、水槽、橋梁の床版、舗装版などに使用されている。その他、既設の構造物や岩盤等の内部空間に打ち込む場合の充填用コンクリート、美観上ひび割れの発生を避けたい個所、あるいは漏水防止用としても使用される。

2.12 低収縮コンクリート

コンクリートの収縮を減少させるには、単位水量を減らしたり、膨張材を添加して収縮する分だけ膨張させる等の方法がある。

一方、コンクリートの収縮は、内部の微細な空隙中に存在する水の表面張力(毛細管張力)によって生じるといわれ、水自体の表面張力を低下させることによっても収縮を小さくすることができる。

有機系の混和剤である「収縮低減剤」は、この原理を利用して開発されたもので、この収縮低減剤を用いたコンクリートを「低収縮コンクリート」と呼ぶことがある。

低収縮コンクリートは、①鉄筋との付着強度が改善できる、②既設コンクリートの上にコンクリートを打設する場合に一体性が確保しやすい、などの特徴から、厚さが薄い部材、壁、スラブや舗装版等の用途が考えられる。

2.13 ポリマーコンクリート

セメントの一部またはセメントの代わりに合成高分子材料(ポリマー)を用いたものを、「ポリマーセメントコンクリート」、「ポリマー含浸コンクリート」、「レジンコンクリート」といい、これらを総称して「ポリマーコンクリート」と呼んでいる。

このうち、ポリマーセメントコンクリートはセメントにゴムラテックス等のポリマーを混ぜてコンクリートの品質を改良したもので、接着性がよく、曲げ強度、引張強度や伸び能力が大きいなどの特徴がある。また、防水性、耐久性にも優れている。用途として防水ライニング、舗装の補修等がある。

ポリマー含浸コンクリートは、乾燥させた硬化コンクリートにモノマー（ポリマーの原料）を含浸させたものであり、高強度であるほか、表面に緻密な層ができることから水密性、耐久性や耐薬品性が著しく改善できるなどの特徴がある。圧縮強度、引張強度は、それぞれ120～130N／mm^2、10～11N/mm^2程度のものが得られる。用途として、電力ケーブルピット用のパネル、パイプ、ポール、放射性廃棄物容器等がある。

レジンコンクリートは、セメントの代わりにポリマーを用いたもので、硬化剤を加えた液状のレジンを骨材と混合したものである。このコンクリートの特徴は、初期に極めて大きな強度が得られ、水密性、耐薬品性、耐摩耗性等に優れることが挙げられる。用途として、通信・ガス用等のマンホール、FRP補強パイプ、シールド工法用セグメント、U字溝、パイル等がある。

2.14 遮へいコンクリート

磁鉄鉱のような密度が極めて大きい骨材を用いて、原子炉等の放射線を遮へいするコンクリートを「遮へいコンクリート」という。このコンクリートは、単位容積質量が3.5～3.8t／m^3程度と大きいことから「重量コンクリート」とも呼ばれている。放射線の中で、このコンクリートが遮へいできるのは、おもにγ線、X線および中性子である。

遮へい用のコンクリートには、単位容積質量が大きく、密実なこと、ホウ素等の化学成分が適当量入っていること、コンクリートの打設後ひび割れが発生しないこと等が要求される。

遮へいコンクリート工事で対象となる建築物は原子炉建屋、ウラン再処理施設、アイソトープ貯蔵施設、医療用照射室等がある。これらは、コンクリートの壁を厚くして、マスコンクリートやプレパックドコンクリートとして施工されている。

写真2-31　原子力発電所には遮へいコンクリートが使われる

2.15 再生骨材のコンクリートへの利用

再生骨材は、コンクリート構造物を解体する際に発生するコンクリート塊をインペラブレーカやジョークラッシャなどで破砕した後、ふるい分けて骨材を再利用するものである。これまでコンクリート構造物の解体によるコンクリート廃棄物は、再生骨材として主に道路の路盤材料への使用以外は処分場で廃棄されていた。

こうしたなかで、処分場の枯渇、骨材資源の減少と資源循環型社会への対応のため、近年では再生骨材をコンクリート用骨材に利用するための研究がさかんに行われ、JIS化された。一部の再生骨材は生コンのJIS規格（JIS A 5308）でも使用が可能となった。

今後は、コンクリート構造物への積極的な活用が期待されている。

写真2-32
再生骨材

写真2-33　再生骨材製造設備の例

3 施工法のいろいろ

3.1 プレストレストコンクリート

プレストレストコンクリート(Prestressed Concrete; 略称PC)工法は、前もって(=プレ)コンクリートに圧縮力を人為的に加え(=ストレスト)、部材に生じる引張応力をほとんど発生させないようにしたり、または、ひび割れが発生した場合に所要のひび割れ幅に抑制する工法である。この工法には、①プレテンション方式、②ポストテンション方式の2種類のプレストレスの加え方がある。プレストレスを加えるための緊張材には、「PC鋼線」、「PC鋼より線」、「PC鋼棒」等の鋼材のほか、最近では炭素繊維(写真2-34)やアラミド繊維(写真2-35)などの連続繊維が用いられる例もある。

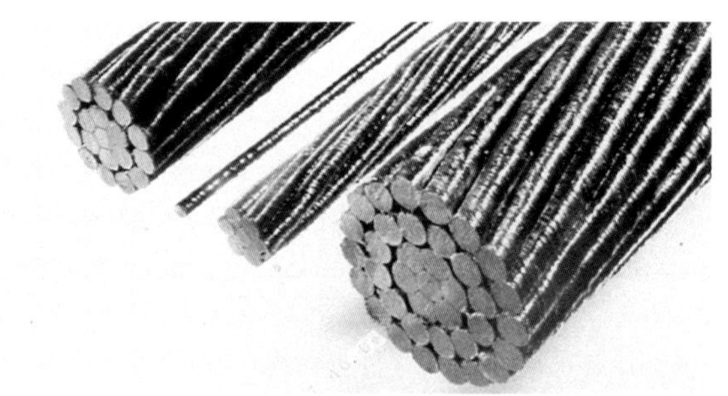

写真2-34 ワイヤー状にした炭素繊維

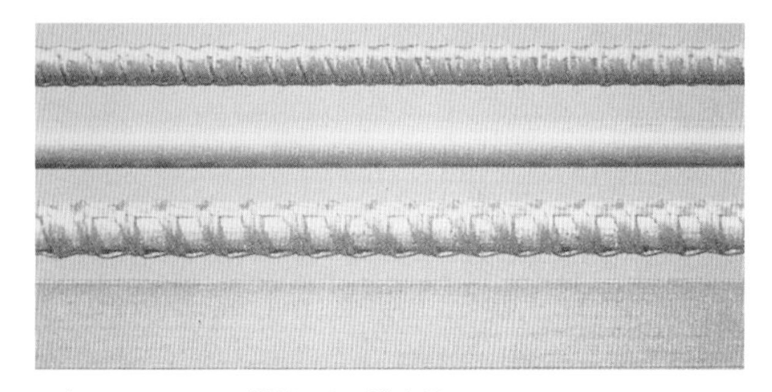

写真2-35 アラミド繊維による補強材のいろいろ

(1)プレテンション方式

主に工場でつくられるコンクリート製品に用いられる方式で、あらかじめPC鋼線などの緊張材を引っ張った状態で、そのまわりにコンクリートを打ち込み、養生する。コンクリートが硬化した後、引っ張っていた力を解放し、コンクリートと緊張材の付着力によりコンクリートに圧縮力を与える方法。

用途として、鉄道用まくら木、パイル、ポール、空洞パネル、矢板、橋桁等がある。

写真2-36 PCまくら木(プレテンション)

(2)ポストテンション方式

主に現場施工される構造物に用いられる方法で、この方式はコンクリートと付着しないようにシース管(さや管)の中に配置した緊張材をコンクリートが硬化した後に緊張してコンクリートに圧縮力を加える方法。圧縮力を保持するために、緊張した両端を写真2-39のような定着具を用いてコンクリートに定着し、シースの中にはグラウトを注入している。

用途として、高架道路橋、長大スパンの橋、斜張橋や建築物の梁等がある。

写真2-37 高強度コンクリートセグメントをポストテンションでつなぐ道路橋主桁の架設

写真2-38 PC卵形汚泥消化タンク（ポストテンション）

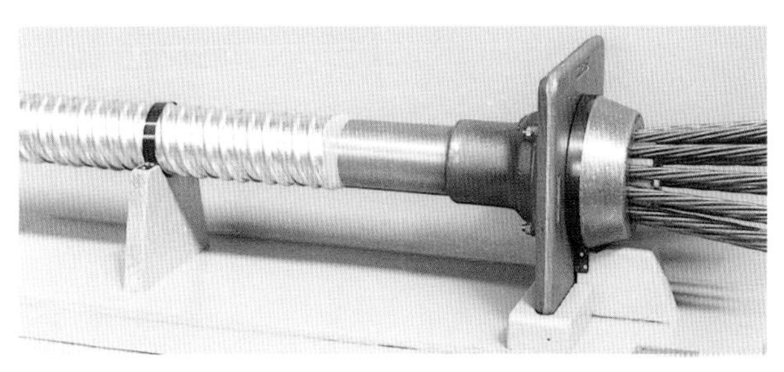

写真2-39 ポストテンション方式に用いる定着具（銀色の部分がシース管）
〔提供：極東鋼弦コンクリート振興（株）〕

3.2 プレキャストコンクリート工法

プレキャストコンクリート（Precast Concrete、略称；PCa）工法は、前もって（=プレ）、型に流し込んで形をつくる（=キャスト）という意味を表す。このように事前につくられたコンクリートの部材を現場で組み立てて構造物をつくる方法を「プレキャストコンクリート工法」と呼び、「プレキャストコンクリート」は「現場で直接打ち込んでつくるコンクリート」の対語としての意味をもつ。

プレキャストコンクリートは、工場や工事現場の管理がしやすい設備で生産されるため、できあがった部材は品質変動の少ない、高品質のものが得られる特徴がある。一般的に、生産性を高める目的から早期に脱型することが求められ、蒸気養生のような促進養生が行われている。

使用例としては、コンクリート製品の場合、ポール、パイル、橋梁の桁、まくら木、空洞ブロック、化粧ブロック、打込み型枠等、数多くの種類がある。また、コンクリート部材の場合では、橋梁の床版、桁、防波堤、沈埋トンネル、建物の壁、柱や梁等がある。

写真2-40 アーチ型プレキャストブロックによるトンネルの構築

3.3 転圧コンクリート工法

転圧コンクリート工法は、単位水量の少ない非常に硬練りのコンクリートを振動ローラなどによって転圧して締め固める方法で、ダムをつくる場合のRCD（Roller Compacted Dam Concrete）工法とコンクリート舗装のひとつである「転圧コンクリート舗装」RCCP（Roller Compacted Concrete Pavement）工法の2つがある。これらは、いずれも省力化施工や迅速化施工などを目的としている。

写真2-41 RCD工法によるダムの施工

RCD工法は、ダンプトラックなどで運搬された、セメント量の少ない、スランプしない硬練りのコンクリートをブルドーザにより層状（版状）に敷き均し、この上から振動ローラにより転圧し、締固めを行う方法で、①施工の機械化率を高めて合理化が図れる、②工期の短縮や工費の低減を図れるなどの特徴がある。

転圧コンクリート舗装工法は、従来の舗装用コンクリートに比べて単位水量を少なくした硬練りのコンクリートをアスファルト舗装用の施工機械を用いて路盤上に敷き均し、振動ローラで転圧・締め固めて施工し、コンクリート舗装版をつくる方法で、①アスファルト舗装用の機械で施工できる、②施工後早期に交通開放できる、③施工幅、施工厚さの自由度が高い等の特徴がある。この特徴を生かして、道路、港湾ヤード、駐車場などに採用されている。

3.4 スリップフォーム工法

スリップフォーム工法は、鋼製モールドを装着した自走式の成型機でコンクリートの締固めと同時にモールドを前進させコンクリートを連続的に打ち込んで行く工法で、①施工速度が速く、継ぎ目ができない、②工期の短縮が図れる等の特徴がある。近年、コンクリート舗装やコンクリート防護柵などの道路構造物に使用される例が増えている（写真2-42）。

写真2-42　スリップフォーム工法によるコンクリート防護柵の施工

3.5 早期交通開放型コンクリート舗装

早期交通開放型コンクリート舗装（1DAY PAVEともいう）は早強ポルトランドセメントを使用し、水セメント比が30～35%の高強度なコンクリートを用いたコンクリート舗装である（写真2-43）。

従来のコンクリート舗装は、養生期間が14日以上必要であったが、ここで使われるコンクリートは強度発現性が高いため、養生期間は1日以内となり、早期に交通開放が可能となる。よって工期の短縮、利用者コストの低減が図れる。

写真2-43　1DAY PAVEの施工（上）と仕上がった路面

4 コンクリート製品

コンクリート製品は、工場もしくは現場の製造設備により、あらかじめ製造された部材・製品を指す。セメント二次製品、プレキャストコンクリート、プレハブ製品、工場製品などとも呼ばれる。

コンクリート製品には、無筋のもの、鉄筋コンクリート、プレストレストコンクリートのものもある。製造方法はさまざまなものがあり、代表的な例では、硬練りのコンクリートを振動、加圧振動や遠心力などで締め固め、成形し、蒸気養生や高温高圧養生(オートクレーブ養生)を行うものが多い。このほか、通常のコンクリートを振動締固めするもの、極めて硬練りのコンクリートを高振動加圧によって締め固め、即時に脱型するもの、また、特殊モルタルを高温高圧養生した「軽量気泡コンクリート」(「ALC」と略称される。45ページ参照)などがある。

一方、締め固め時に発生する振動による騒音問題の改善を目的に高流動コンクリートが活用されることで近年では、無振動成形が盛んに行われるようになった。無振動成形は、表面に加工が施された景観製品の製造に適しており、これらの製品開発も進展している。

コンクリート製品は、工場で規格品を大量に生産するので、品質管理に優れ、寸法精度の高いものを経済的につくることができる。また、工事現場での鉄筋工、型枠工などの熟練工の不足をおぎなうことができ、施工の合理化や急速化を可能にする。従来、建築工事現場で施工された「柱」や「梁」も、工場で生産した製品を現場で組み立てる方法(プレキャスト工法)や一部を工場で生産し、現場でコンクリートを打ち込んで一体化する方法(ハーフプレキャスト工法とも称される)なども採用されている。これらは、省資源の観点で、木製型枠の削減が可能で熱帯森林の保護にも貢献する。

用途として、土木・建築の構造部材(構造的に力を負担する部材)、非構造部材(力を負担しない部材)だけでなく、電気、通信、鉄道、公園、上下水道、農業などの関連施設などがあり、広い分野に使用されている。

この10数年の間に、施工の省人化、工期の短縮、工費の低減のため、コンクリート製品の大型化、高強度化が進み、さらに部材としての強度、機能のほかに、自然環境や周辺の景観、都市景観に調和した製品が登場している。

写真2-44　工場で生産された建築用部材

(1)遠心力コンクリート製品

型枠に鉄筋を配置したり、あるいはPC鋼材を配置し、これを緊張した後にコンクリートを打設し、型枠を回転させてその遠心力で締め固めた中空円筒形のプレキャスト製品を「遠心力鉄筋コンクリート管」という。この方法でつくった管は、製造方法を考案したHume兄弟の名にちなんで「ヒューム管」とも呼ばれ、下水管や排水管に使われている。

管以外では、電柱や鉄道架線柱用の「ポール」、基礎工事用の「パイル」などに使われている。

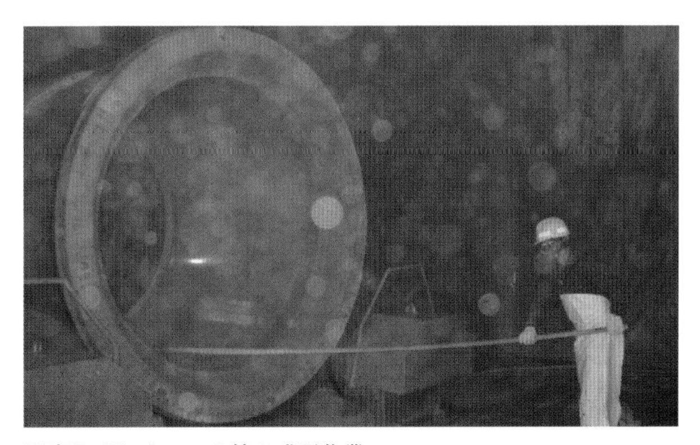

写真2-45　ヒューム管の成形作業

(2)シールド工事用セグメント

シールド工法(回転式電気カミソリのように全断面を円形にかき削る地下トンネル掘削工法)に用いられる湾曲した形の製品を「セグメント」という。トンネルの掘削直後に周囲の土砂が崩れないように、数個のセグメントを円周方

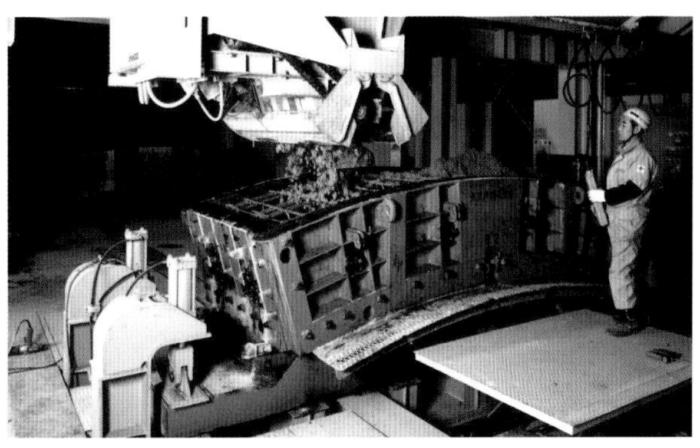

写真2-46　コンクリートセグメントの振動成形

向に組み立てて、地山に沿って内側を覆って行く(「覆工」という)。セグメントには、鉄筋コンクリート製や鋼板コンクリート製などがある。

写真2-47　シールド工事用セグメント

写真2-48　シールド工法によるトンネル工事

(3)プレキャストパネル

建築物の壁、床、屋根などに用いられる板状のコンクリート製品で、鉄筋コンクリートやプレストレストコンクリート製のものを「プレキャストパネル」という。主に、低・中層住宅に使われ、あらかじめ表面仕上げしたものも多い。高層ビルの外装壁材である「カーテンウォール」もこの一種である。

(4)ALC

発泡剤などを用いて大量の気泡を入れたモルタルを高温高圧のもとで養生(オートクレーブ養生という)した製品を「ALC(Autoclaved Lightweight Concrete)」または「ALCパネル」という。①軽量で施工性に優れ、②耐火性があり、③断熱性が良いことなどから、高層ビルや住宅用パネル材などに用いられる。密度は通常のコンクリートの約1／4と小さい。

写真2-49　高層ビルのカーテンウォールもプレキャストパネル

写真2-50　あらかじめ表面仕上げしたALC板による住宅
〔提供:クリオン(株)〕

写真2-51　コンクリートパイルのオートクレーブ養生

5 景観とコンクリート

従来のコンクリート構造物は、強度、耐久性といった機能性や経済性に重点を置いてつくってきたが、環境共生型社会の到来にともない、周辺環境との調和や、構造物自体の美しさが求められている。これに対応し構造物も景観を考慮したり、美観を考慮した表面仕上げの工夫がなされている。

公共構造物や建造物に多用されているコンクリートは、景観に大きな影響を及ぼす材料であり、また、景観を美しくする材料でもある。

景観材料としてのコンクリートは、①造形性、意匠性に優れる、②量感、存在感がある、③独特の素材感がある、などさまざまな特徴をもっている。今後、景観や美観を一層考慮した設計が行われる中で、これらの特徴の活用により、コンクリートはさらに積極的に使われて行くと考えられる。

写真2-54　特殊なゴム型枠を用いてつくられた斜めのスリットを入れた壁面

写真2-52　景観にマッチした閘門

写真2-55　歴史の重みが感じられるRCアーチ橋

写真2-53　自然に溶け込むデザインが施された洗堰

写真2-56　稚内港・北防波堤ドーム

1 日本のセメント産業

わが国のセメント産業は、1875(明治8)年に初めてセメントが製造されて以来、絶えまなく技術開発を重ね、建設基礎資材産業として経済成長とともに、拡大・労働生産性・産業廃棄物や副産物の取り込み技術等、あらゆる面で世界のトップクラスにある。

生産規模は2019年4月現在、企業数17社、30工場を有し、クリンカー生産能力は5,459万tである。

企業規模は、資本金100億円以上の大企業が7社、100億円以下の中堅企業10社である。また、17社のうち11社はセメント製造を主とする専業会社で、残り6社が化学工業などとの兼業会社である。市場規模をセメント売上高でみると2018年度で5,422億円である。

セメント工場は全国に分布しているが、特に主原料の石灰石資源が豊富な北九州地区(4工場)、山口県(4工場)と国内最大のセメント消費地を抱える関東地区(6工場)に多く立地している。また、セメント工場は典型的な装置産業で、生産規模は次第に大型化され年産600万tを超える大規模工場も存在しており、一工場当たりの年産能力は約190万tである(図3-1)。

また、工場では機械化や情報化も進み、一工場当たりの常用労働者数は100名余りである(図3-2)。

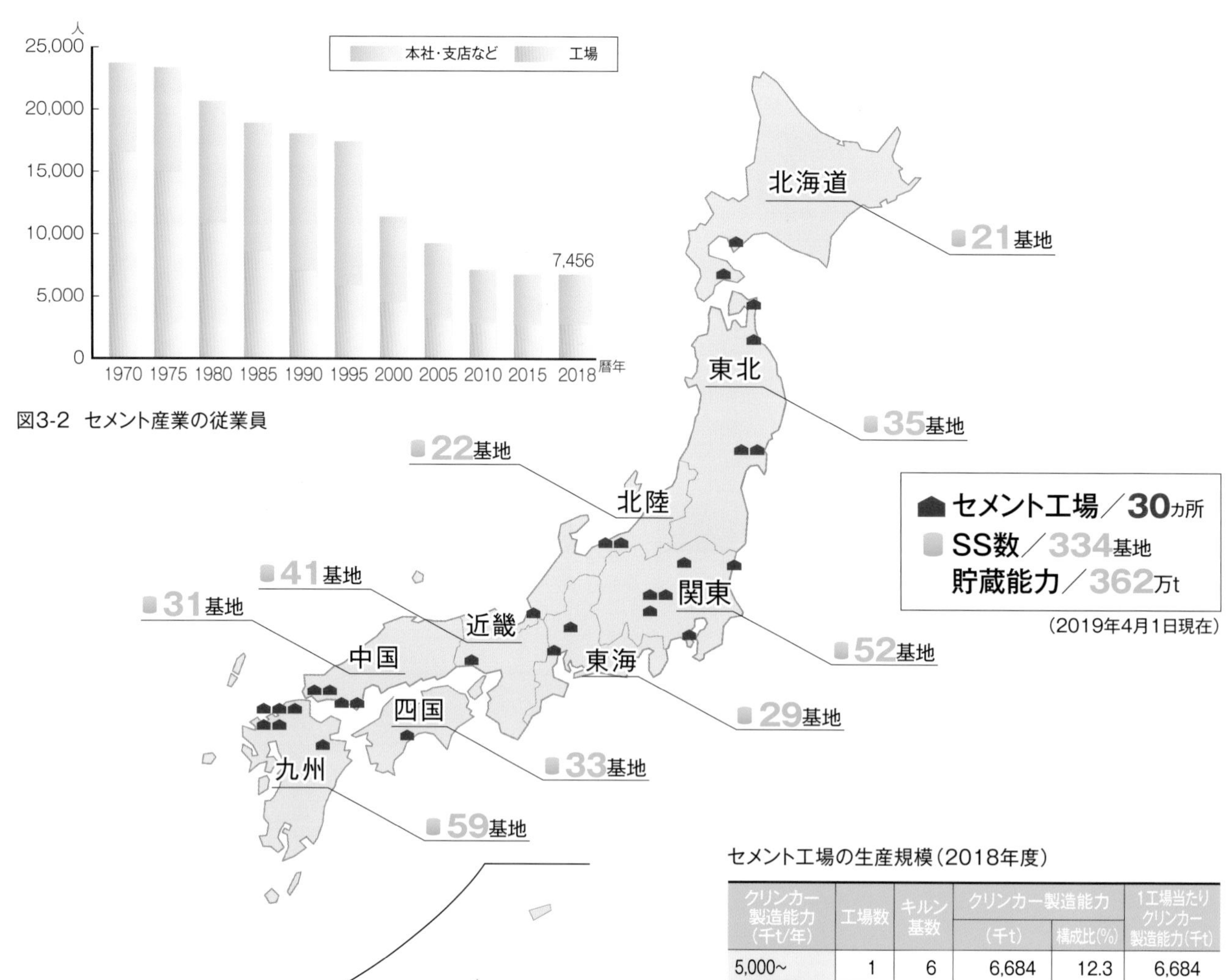

図3-2 セメント産業の従業員

図3-1 セメント工場とサービスステーション(SS)の配置

セメント工場の生産規模(2018年度)

クリンカー製造能力(千t/年)	工場数	キルン基数	クリンカー製造能力		1工場当たりクリンカー製造能力(千t)
			(千t)	構成比(%)	
5,000~	1	6	6,684	12.3	6,684
4,000~5,000	2	6	8,959	16.4	4,480
3,000~4,000	3	7	11,040	20.2	3,680
2,000~3,000	2	4	5,024	9.2	5,024
1,000~2,000	11	15	16,043	29.4	1,458
~1,000	11	13	6,838	12.5	622
合計または平均	30	51	54,589	100.0	1,882

2 生産と需要

2.1 生産

セメントの生産量は、1979年度の8,794万tをピークとして、その後、経済の低成長に伴って減少基調をたどったが、1987年度以降回復に転じて1996年度には消費税率引き上げ前の駆け込み需要や阪神大震災の復興需要が旺盛になったことに加え、アジア諸国への輸出が堅調で、9,927万tと記録を更新した。その後は再び減少基調に転じ2001年以降は、7,000万t台を維持していたが、2008年にはこれを割り込み、以降減少傾向が続いている（図3-5、表3-3）。

2.2 国内需要

戦後復興から高度経済成長期を通じてセメントの国内需要は、一貫して右肩上がりで拡大を続けた。これは公共投資によって鉄道・道路・港湾・ダムといった基礎的な社会資本が整備されるなか、電力や鉄鋼、石炭など素材型産業の生産活動が高まり、その後の石油化学、電機、機械、自動車などの加工型産業の設備投資が集中投下されたためで、この時期のセメント国内需要は欧米先進諸国にキャッチアップを挑んだわが国工業化の歩みとともにあった。

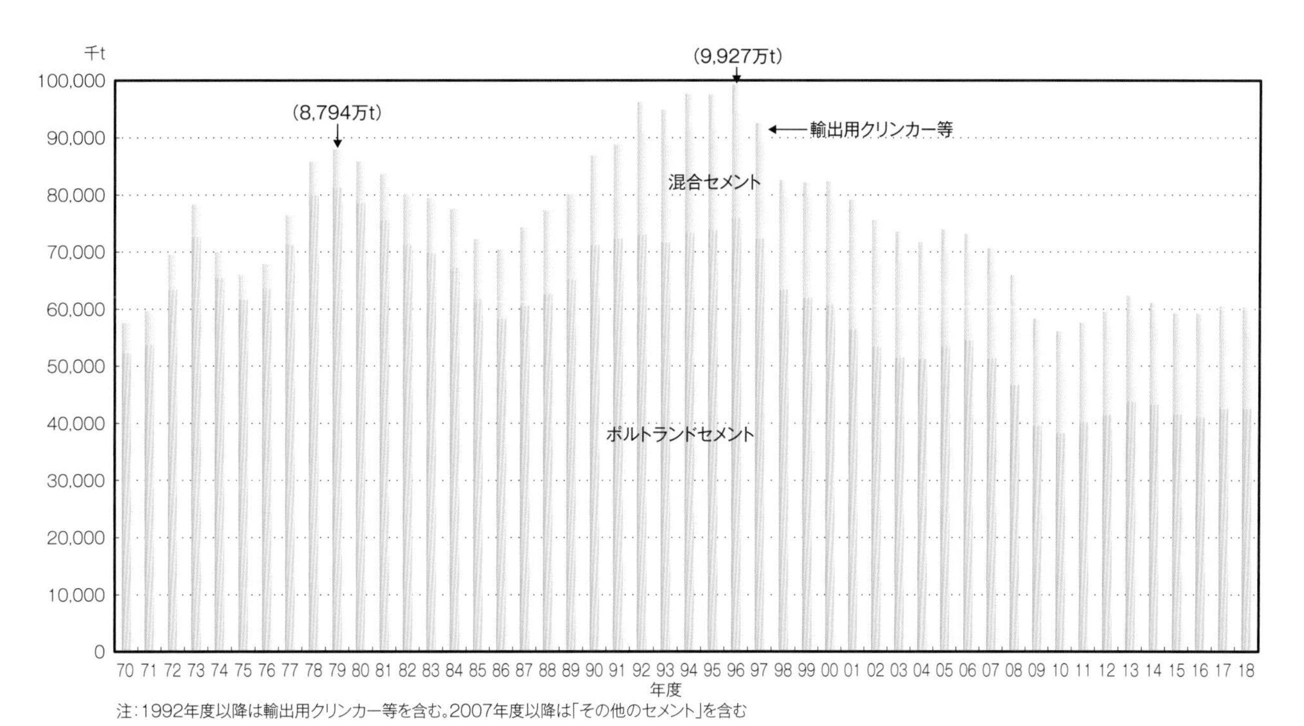

注：1992年度以降は輸出用クリンカー等を含む。2007年度以降は「その他のセメント」を含む

図3-5 セメント生産量の推移

表3-3 種類別セメント生産量の推移

（単位：千t）

	ポルトランドセメント							混合セメント					その他のセメント	合計
	普通	早強（含む超早強）	中庸熱	耐硫酸塩	低熱	その他	計	高炉セメント	シリカセメント	フライアッシュセメント	規格外	計		
2018	37,921	3,111	929	2	265	1	42,228	11,645	0	118	1,532	13,295	156	55,679
2010	34,650	2,679	737	2	164	3	38,234	11,523	0	167	671	12,362	148	50,743
2000	56,766	3,483	447	22		176	60,893	17,631	27	498	270	18,426		79,319
1990	66,549	3,631	973	6		20	71,179	14,877	115	538	139	15,670		86,849
1980	75,704	1,529	337	1,028			78,598	5,362	77	1,749	96	7,284		85,883
1970	51,182	1,032	125				52,340	2,358	89	2,794	1	5,242		57,582

注：輸出用クリンカー等を除く

第一次石油危機を契機に、セメント需要の拡大路線は終わる。その後、浮き沈みを繰り返すなかで、ピークを記録するのはバブル景気の終盤、1990年度のことである。この年に8,629万tに達した需要も長引く不況により低迷が続いたが、2010年度の4,161万tで底打ちし増加基調に転じた。その後、東日本大震災の復旧·復興需要、全国的な防災·減災投資、都市部の再開発等で3年連続して前年プラスで推移した。今後、わが国の建設市場は2020年東京オリンピック·パラリンピックやその周辺の関連投資、リニア中央新幹線など大型投資や老朽化する社会資本の維持·更新投資が控えており、一定の水準で推移すると予想される。

セメントの国内販売(輸入品は除く)を需要部門別にみると、2018年度では生コンクリート向けは70.6%、コンクリート製品向けは13.6%と、この2部門で84%を占めている(図3-6)。これをセメントの最終消費の需要部門でみると、官需:民需別で49.2%:50.8%である(図3-7)。

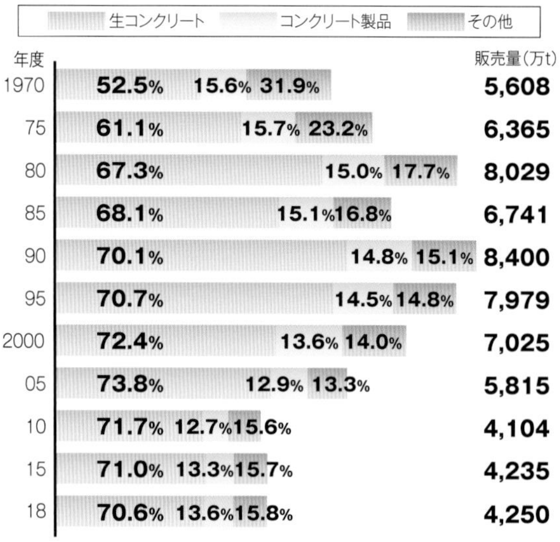

年度	生コンクリート	コンクリート製品	その他	販売量(万t)
1970	52.5%	15.6%	31.9%	5,608
75	61.1%	15.7%	23.2%	6,365
80	67.3%	15.0%	17.7%	8,029
85	68.1%	15.1%	16.8%	6,741
90	70.1%	14.8%	15.1%	8,400
95	70.7%	14.5%	14.8%	7,979
2000	72.4%	13.6%	14.0%	7,025
05	73.8%	12.9%	13.3%	5,815
10	71.7%	12.7%	15.6%	4,104
15	71.0%	13.3%	15.7%	4,235
18	70.6%	13.6%	15.8%	4,250

図3-6 セメントの需要部門別販売量の推移

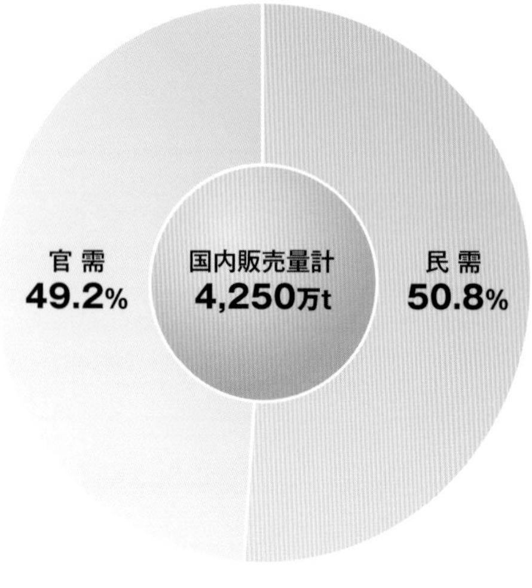

官需
49.2%

国内販売量計
4,250万t

民需
50.8%

図3-7 セメントの官需·民需別販売量
(2018年度)

2.3 物流

(1)物流体系

セメントは重量物であるがために運賃負担力が弱く、物流コスト削減のための合理化や効率化はセメント産業の重要な課題である。

わが国のセメント物流の特徴は「西から東へ流れる」といわれる。セメントの原料である石灰石が豊富にある中国、九州などの生産地区から、関東、東海、近畿のような大消費地区へ流通するからで、輸送に当たってはこれら需要地にセメントを大量かつ効率的に供給することが重要なポイントである(図3-8)。

(単位:千t)

生産量		販売量	
中 国	10,200	近 畿	5,507
九 州	17,230	東 海	4,896
		関 東	13,750
計	28,430	計	24,153

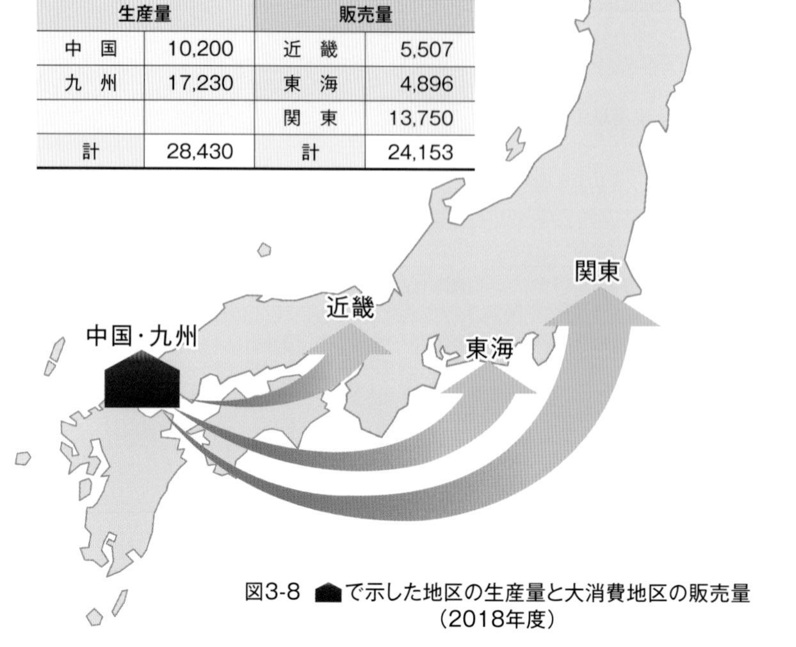

図3-8 ■で示した地区の生産量と大消費地区の販売量
(2018年度)

セメント工場からユーザーまでの物流は、1次輸送《工場から中継基地（サービスステーション／SS）またはユーザーへの直送》と2次輸送《SSからユーザーへの配送》に大別される（図3-9）。

1次輸送は、それぞれセメント専用のタンカー、トラック等で輸送されるが、物流コスト面で臨海大型工場から需要地近隣の臨海SS（写真3-1）へのセメントタンカーによる大量バラ輸送の比率が年々高まっている（図3-10）。

一方、2次輸送は生コン、コンクリート製品業者が主なユーザーであるため、バラ専用のトラックによる配送が主流である。

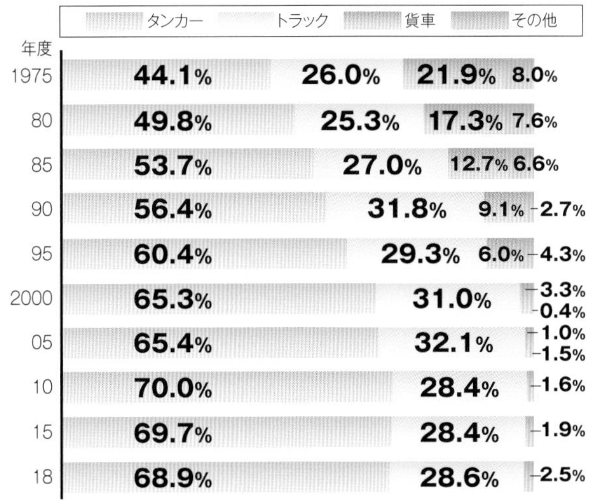

タンカー
トラック
貨車
その他
年度
1975 44.1% 26.0% 21.9% 8.0%
80 49.8% 25.3% 17.3% 7.6%
85 53.7% 27.0% 12.7% 6.6%
90 56.4% 31.8% 9.1% 2.7%
95 60.4% 29.3% 6.0% 4.3%
2000 65.3% 31.0% 3.3% 0.4%
05 65.4% 32.1% 1.0% 1.5%
10 70.0% 28.4% 1.6%
15 69.7% 28.4% 1.9%
18 68.9% 28.6% 2.5%

図3-10　セメント輸送の輸送機関別構成比（1次輸送）

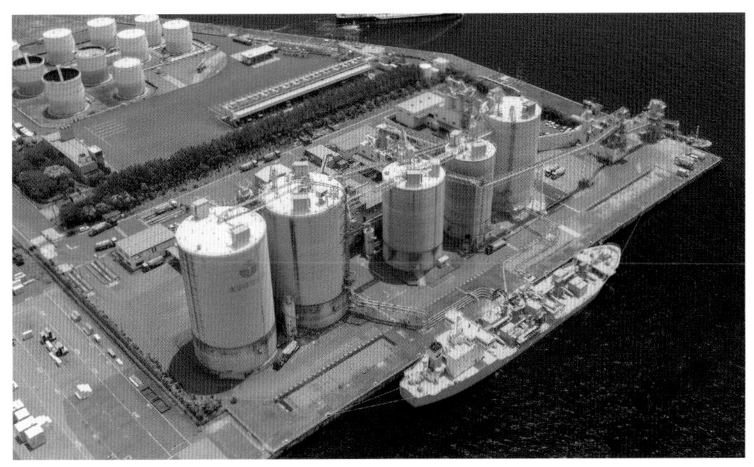

写真3-1　臨海のサービスステーション（SS）とセメントタンカー

海　外
ユーザー
（1 次輸送）
（2 次輸送）
セメント
工場
セメントタンカー
68.9%
バラトラック
28.6%
その他
（バラ圧送等）
2.5%
SS
（サービス
ステーション）
バラ・袋積み
トラック
92.6%
セメントタンカー等
7.4%
直 送
国　内
ユーザー

図3-9　セメントの物流体系（2018年度）

産業編

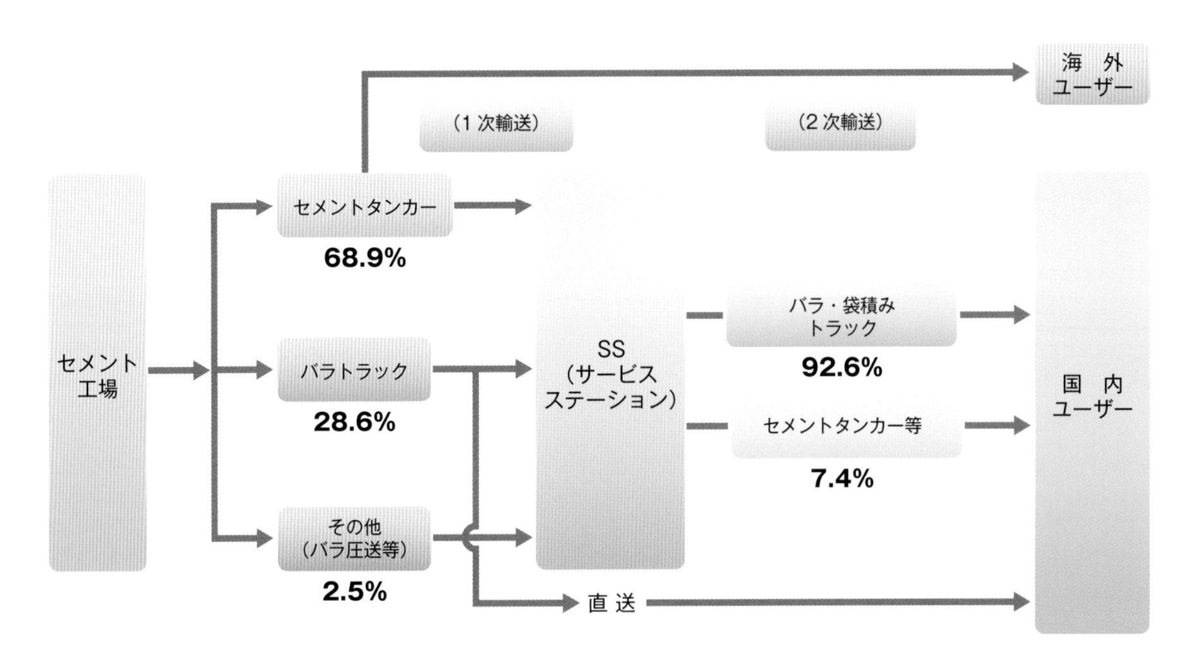

(2)輸送機関の現状

各輸送機関の保有状況を表3-4に示す。

●SS

SSは、全国各地に配備され1984年度末には620ヶ所に達した。その後は、セメントメーカーの合併や事業提携等により、重複SSの統廃合がなされた結果、2019年4月現在では334ヶ所となっている。

こうしたなかで、SSの関連設備は、入・出荷の自動化設備などを導入し、さらなる効率化を図っている。

●セメントタンカー

セメントタンカーは臨海工場から需要地近隣の臨海SSへのセメント輸送の手段として重要な役割を担っている。新船建造では、積載量アップや積込み設備の自動化、省力化を進めており、このほか運航面でもコンピューターシステムによる配船管理を導入し、効率化を図っている(写真3-2)。

●バラトラック

バラトラックは、積載量アップによる効率化を図るため、大型の新規格車やアルミ製タンク車を導入している(写真3-3)。

写真3-3 バラトラック

写真3-2 バラセメントタンカー

表3-4 輸送機関の保有状況

輸送機関 ＼ 年		1975	80	85	90	95	2000	05	10	15	19
SS	基地数	426	538	620	593	583	529	439	380	341	334
	貯蔵能力(千t)	2,644	3,460	4,154	4,315	4,498	4,441	4,021	3,765	3,624	3,625
タンカー	隻数	145	183	194	191	195	167	139	128	133	122
	積載量(千t)	562	670	648	652	707	643	581	523	573	537
トラック	単車	5,935	6,806	6,632	6,530	6,330	5,355	3,746	3,251	3,265	3,545
	トレーラー	—	288	536	801	1,230	1,321	991	958	1,009	1,166
	合計台数	5,935	7,094	7,168	7,331	7,560	6,676	4,737	4,209	4,274	4,711

2.4 輸出入

(1)輸出

わが国のセメント輸出量は、1980年以降バラ化の進展に伴い、大型船による輸送が可能となったことから飛躍的拡大を遂げ、常に世界のトップレベルを維持してきた。特に1990年代に入り、東南アジア地域で経済発展が進み、国土開発とともに、インフラ整備事業が進展したことからセメント国内需要も急激に拡大することとなった。これに対し、これら地域のセメント生産能力は、この急激な内需拡大に追いつかなかったことから1994年にはアジア地域向けを中心に1,500万tと過去最高記録を更新した。

しかし、1998年から2003年に至る5年間は、①アジア通貨危機による経済混乱から東南アジア地域のセメント国内需要が激減した。②通貨危機以前から進められてきた設備増強計画が完了し、供給不足状況が解消された。③以前は輸入国であった国々(タイ、インドネシア等)が輸出国に転じ、輸出市場を巡っての競合が激化したことなどから700万t台に止まった。

アジア通貨危機の影響から低迷が続いていたわが国のセメント輸出であったが、2004年以降、東南アジア、豪州地域においてセメント需要の回復・拡大が顕著となり、これらを背景に、わが国の輸出も回復基調に転じた。その後、2011年の東日本大震災の復旧・復興需要により、一時的にタイトな輸出環境となったが、2015年以降は、再び1,000万tを超える輸出が続いている(表3-5、図3-11)。

(2)輸入

わが国へのセメント輸入は1985年のプラザ合意による円高を契機として本格化した。当時の輸入先は韓国と台湾が主で、1989年には365万t、国内需要全体の5%近くを占めるまでに拡大した。

その後、韓国は自国のセメント国内需要が盛り上がりをみせ、台湾では環境問題からセメント原料である石灰石の採掘が困難になり輸入国に転じた。こうした背景もあって、わが国の輸入は漸減し1997年には50万tとピーク時の1/7にまで落ち込んだ。この間に韓国ではセメント生産設備の能力増強を図ったことから、後に設備過剰へとつながっていく。

この時期にアジア各国を襲った通貨危機が、アジア各国のセメント需要に大きな影を落とす。韓国経済は不況に陥り、韓国内のセメント産業の需給ギャップは急速に拡大、輸出へ活路を求めた。こうしたことから、わが国への輸入は1998年以降再び増加基調を示したが、韓国経済の回復とともに再び減少傾向を示しており、2018年度は9万tとなった(表3-5、図3-11)。

表3-5 日本のセメント貿易量(2018年度)

輸出		輸入	
地域名	数量(万t)	地域名	数量(万t)
アジア	722	韓国	9
太洋州	272		
アフリカ	25		
中南米	18		
合計	1,037	合計	9

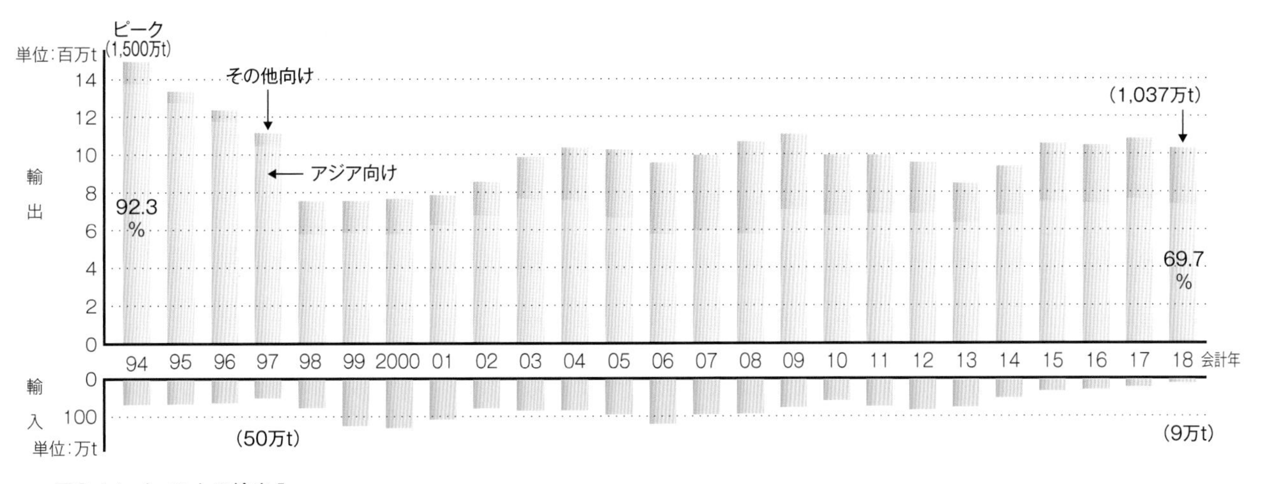

図3-11 セメントの輸出入

産業編

2.5 日本のセメント企業の海外進出

戦後わが国のセメント企業の海外進出は、輸出の安定供給先の確保を目的とした中継基地の建設が中心であった。現在のような工場建設などの大型投資が本格化したのは1990年代に入ってからである。これら海外投資の対象地域は成長著しい環太平洋圏が中心となっている。

また、海外進出の傾向としてはセメントの製造・販売だけでなく流通施設や生コン工場の建設などを含む一貫した供給体制の整備がその特徴である。

2019年現在の海外セメント生産拠点としては、中国8工場（1,144万t）、東南アジア3か国9工場（1,244万t）、アメリカ・カリフォルニア州とアリゾナ州の4工場（625万t）、太洋州2か国（38万t）で全体では7か国21工場で年産能力は約3,051万t規模となっている（図3-12、写真3-4）。

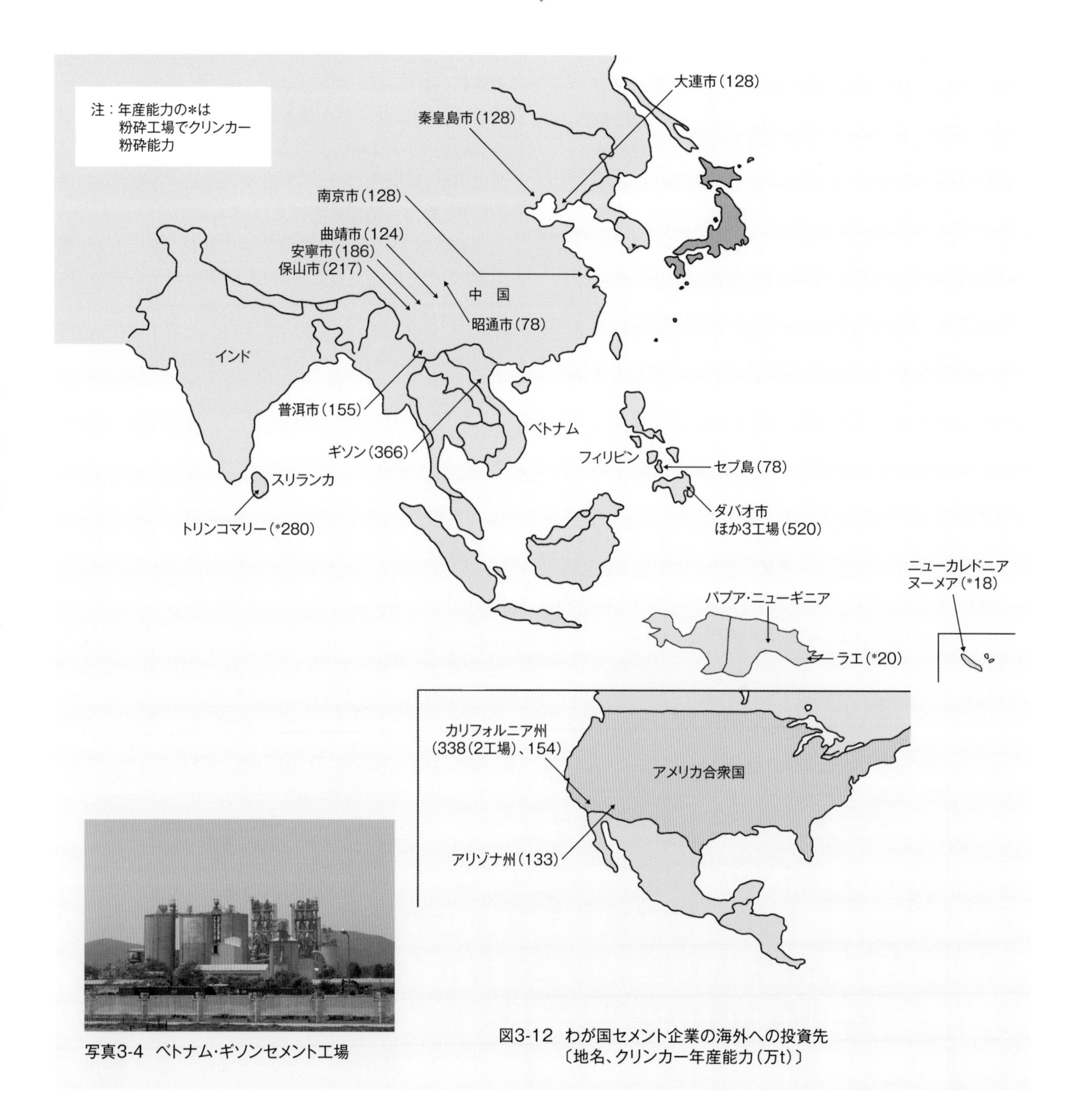

写真3-4　ベトナム・ギソンセメント工場

図3-12　わが国セメント企業の海外への投資先
〔地名、クリンカー年産能力（万t）〕

3 セメント産業の変遷と技術革新

3.1 セメント産業の変遷

(1)需要の推移

わが国のセメント需要量は1947(昭和22)年度の119万tから1973(昭和48)年度には7,710万t(65倍)に達したが、2度の石油危機を契機に需要は減少を経験することとなり、1979年度の8,297万tをピークに、構造的不況に陥り、1985年度には6,799万t(ピーク時の82%)まで低下した。以後、再び上昇に転じ、1990年度には過去最高の8,629万tを記録した(図3-13)。その後、バブル経済の崩壊・景気低迷に伴い減少に転じ、2010年度には4,161万tまで落込んだ。

2011年度以降は、東日本大震災の復興需要と国土強靱化政策の下、3年連続して増加した後、建設労働者の人手不足等により再び減少、3年連続のマイナスとなった。2018年度は42,589千tと2年連続で前年を上回ったが、ピーク時から比較すると半分のレベルである。

(2)生産設備の近代化・大型化

高度経済成長によるセメント需要の拡大に伴い、セメント生産設備の進歩も目覚ましいものがあった。

1950年代後半からセメント各社は競って生産設備の増強に取り組み、また、先進技術を外国から導入することで、世界的水準に達したわが国のセメント製造技術は、その後、世界をリードするオリジナルな技術を開発・導入した。なかでも、1962年には世界に先駆けてコンピューターによるプロセスコントロールシステムを実現、さらに、1972年に開発したNSPキルン(6ページ、写真1-8)は、生産能力を一段と向上させただけでなく、省エネルギーと省力化の面でも、また、低NOx(窒素酸化物)焼成に効果を発揮し、環境対策の面でも画期的なものとして、内外の注目を浴びた。

これらの技術開発により、わが国のセメント製造技術は世界をリードするに至っている。

3.2 セメント工場の現在

(1)合理化・大型化

ポルトランドセメントの製造方法の原理そのものは、操業当時と大きく異なるところはないが、製造技術は絶えまない進歩を続け大きく変革してきた。とくにSPキルン導入後の発展は著しく、大型化・省力化・自動化・熱効率の向上など大きな効果をもたらした。さらに、NSPキ

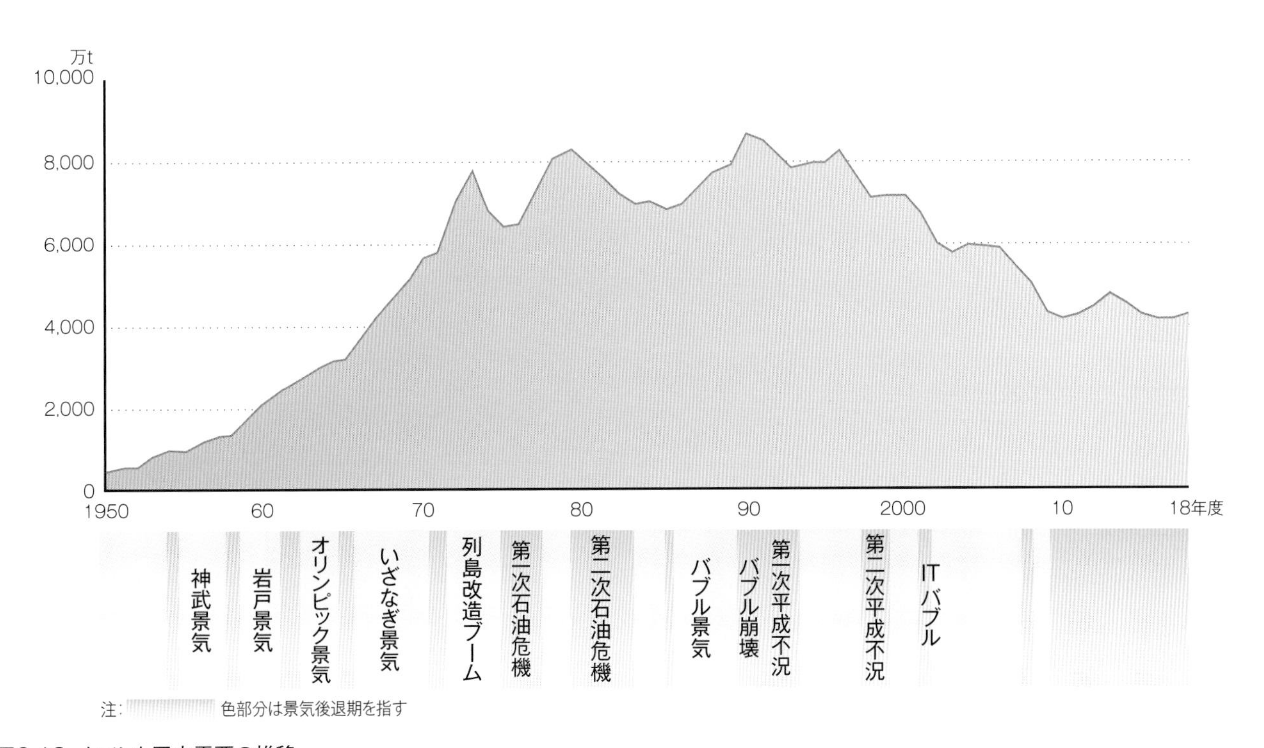

図3-13 セメント国内需要の推移

産業編

ルンの開発によってこれらの特徴がより一層高まり、現在、わが国のセメント製造は、すべてSP・NSPキルンによって行われている。

また、臨海工場(写真3-5)への生産集約化の動きが進展しており、スケールメリットのさらなる向上を目指している。

(2)省エネルギー

セメント工場では、セメント製造に必要なエネルギー(熱・電力)をさらに低減させることに多くの努力が払われており、たとえば、熱エネルギー関係では、4段のプレヒーターを5段にして熱効率を高めたり、プレヒーターやクーラーからの排ガスで発電するなど、エネルギーの利用効率は著しく改善している。電力関係では、粉砕効率の高い「たて型ミル」や「予備粉砕機付ミル」を導入して、一層の省エネルギー努力を続けている。

(3)自動化・省力化

セメント工場では、原料調合から焼成、仕上げの全製造工程(3ページ、図1-1)にコンピューターを導入し、中央集中制御方式によって完全な工程コントロール体制を採用している(写真3-6)。これにより、品質・工程の安定化とともに、省力化が著しく向上し、大幅な人員削減を図ることができ、最近では夜間の運転を無人化する工場も増えつつある。

(4)労働災害の防止

セメント産業は典型的な装置産業であるため、安全・衛生管理の重要性に早くから着目し、業界一丸となって積極的に災害防止対策を図っている(表3-6)。

(5)労働生産性の向上

最近のセメント工場は、生産設備の大型化・高性能化、製造の全工程でコンピューターによる中央集中制御方式を導入したことなどにより、省力化が大幅に進展し、また、拠点工場での集中生産や工場内の単純作業の協力会

写真3-6 セメント工場の中央管理室

表3-6 労働災害率の推移

項目 / 暦年	度数率		強度率	
	セメント産業	製造業	セメント産業	製造業
1985	2.65	1.67	1.63	0.19
1990	1.88	1.30	0.91	0.14
1995	1.49	1.19	1.07	0.16
2000	1.14	1.02	0.79	0.12
2005	1.05	1.01	0.06	0.09
2010	0.77	0.98	0.01	0.09
2015	0.62	1.06	0.03	0.06
2018	0.73	1.20	0.01	0.10

注:度数率$=\frac{災害件数}{延労働時間}\times1,000,000$　強度率$=\frac{損失日数}{延労働時間}\times1,000$

資料:厚生労働省、セメント協会

写真3-5 生産比率が高まる臨海工場

産業編

社への外注が進められている。2018年の労働生産性（工場労働者1人当たり年間クリンカー生産量）は15,698tとなり、このところ一定の水準を維持している（図3-14）。

労働生産性の向上は、コストの削減に結びつき国際競争力の強化にも寄与するため、より一層の向上に努める必要がある。

3.3 構造改善と最近の動向

セメント産業をめぐる経営環境は、第二次石油危機を契機に、原燃料の高騰や需要の低迷などにより生産設備の過剰問題、過当競争の激化などの結果、極めて厳しい状態に陥った。

こうした構造的不況を打開するため、セメント産業は1984年に産構法（特定産業構造改善臨時措置法）、さらに1987年には円滑化法（産業構造転換円滑化臨時措置法）の適用を受けて、合計4,200万tの生産設備を廃棄し、セメントメーカー22社を5グループに集約、グループごとに生産の受委託、共同販売、物流合理化などの抜本的な合理化を実施し、一定の成果をおさめた。

しかし、その後、わが国の経済社会は競争原理、自己責任に基づく自由競争時代へと急速に移行し、経営資源の効率化による産業・企業の体質強化が求められた。このため、1994年に秩父小野田（株）、住友大阪セメント（株）の両合併会社が発足し、さらに1998年には秩父小野田（株）と日本セメント（株）とが合併して太平洋セメント（株）に、また、宇部興産（株）と三菱マテリアル（株）の共同販売会社、宇部三菱セメント（株）が誕生するなど、業界の再編成が一段と進んだ。さらに、2003年には第一セメント（株）が関連会社で骨材事業を展開していた中央商事（株）と合併し（株）デイ・シイを発足させたり、三井鉱山（株）がセメント事業から撤退するなどの変化も現れた。

再編と同時に各社ではあらゆる面の合理化に取り組んでいる。生産部門においては他産業から排出される廃棄物・副産物を受け入れ処理し、原料や熱エネルギーなどとして活用することで、製造コストの引き下げの一助としている。流通部門においては、1995年頃より販売店への支払い口銭を販売店ごとに見直し始めた。また、2007年には販売店との契約を文書化することで正常な取引関係を構築し、内部統制を実現しようとする動きもみられている。こうした一連の動きは最終的にはセメント商流全体の近代化にも繋がっている。

一方、セメント産業にも国際化が進展しており、わが国セメントメーカーが米国や中国、フィリピン、ベトナムなどへ資本進出するに至っている。他方で2001年には麻生セメント（株）が、フランスのセメントメジャー・ラファージュセメント（現ラファージュホルシム）と資本提携した。

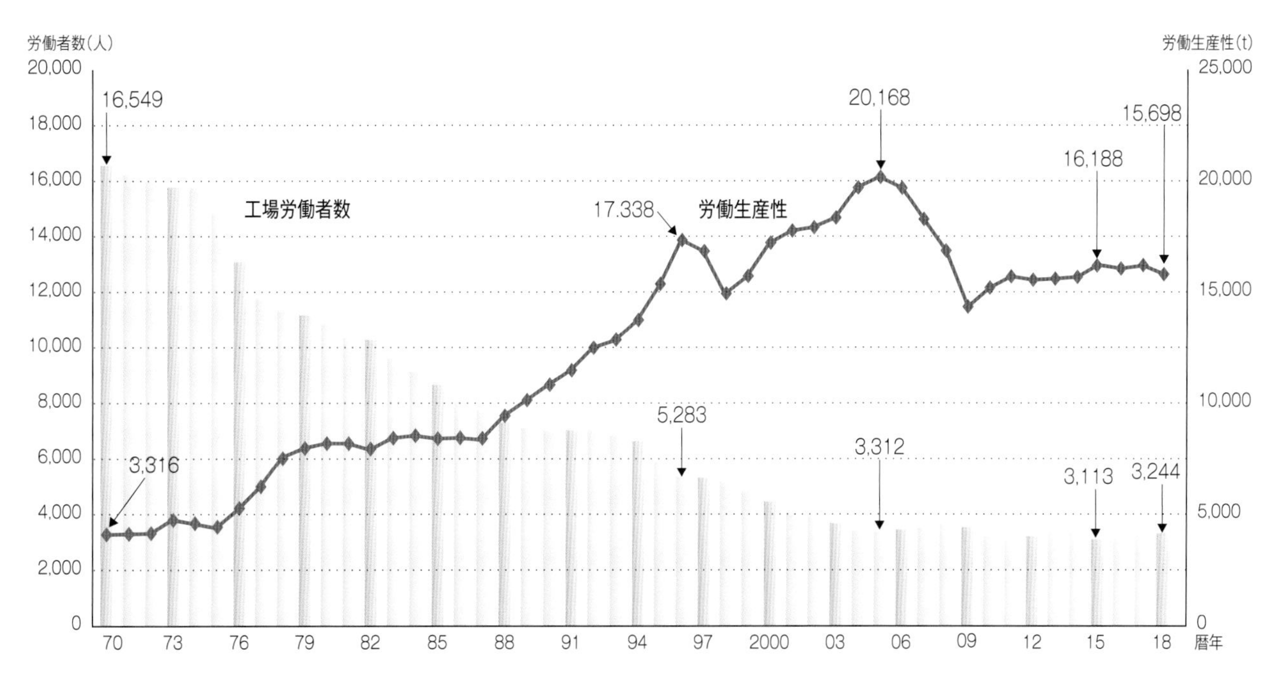

図3-14 工場労働者数と労働生産性の推移

4 セメント産業と環境

セメント産業はエネルギー多消費型産業であるため、はやくから省エネルギー対策や環境問題については最重要課題として取り組み、いろいろな新技術を開発・導入してきた。

セメント産業の環境対策は、かつては、ばいじんや粉塵対策が中心であった。その後、騒音、NOx（窒素酸化物）、SOx（硫黄酸化物）などについても国・地方自治体の規制が強化・拡大されたが、電気集塵機（写真3-7）等の防塵設備を始めとする環境保全設備の導入・普及と運転管理の改善などを行うことで、これらいわゆる産業型公害問題は1980年代前半までにほぼ解消した。

こうした歴史を経た現在では、省エネルギーと廃棄物・副産物の有効活用の2つが持続社会へ向けての大きな柱となっている。

こうした歴史を経た現在では、省エネルギーと廃棄物・副産物の有効活用の2つが持続社会へ向けての大きな柱となっている。

写真3-7　電気集塵機

4.1 地球温暖化対策

1992年6月に開催された地球サミットを契機として、地球温暖化問題への国際的認識が高まった。国内でも、京都議定書における削減目標の実行のため、産業・運輸・民政等各部門で種々の取り組みがなされている。セメント産業においては省エネルギー対策に努めている。

(1)セメント製造用エネルギーの定義

セメント製造に用いられるエネルギーはセメント製造用熱エネルギー、自家火力発電（廃熱発電は含めない）に用いる熱エネルギーおよび電力エネルギーに分類される。これらを基にエネルギー原単位を計算し、省エネルギー対策の評価指標に用いている。

①セメント製造用熱エネルギーにおける熱エネルギー代替廃棄物

近年、セメント製造用エネルギーとして用いる化石起源のエネルギーの代替として、可燃性の廃棄物（熱エネルギー代替廃棄物）が用いられている。省エネ法（正式名「エネルギーの使用の合理化に関する法律」）のエネルギーの定義（第二条）には廃棄物の燃焼によるエネルギーは含まれていないので、セメント製造用熱エネルギーの原単位は熱エネルギー代替廃棄物によるものを含めないで算出している（4.2（2）参照）。

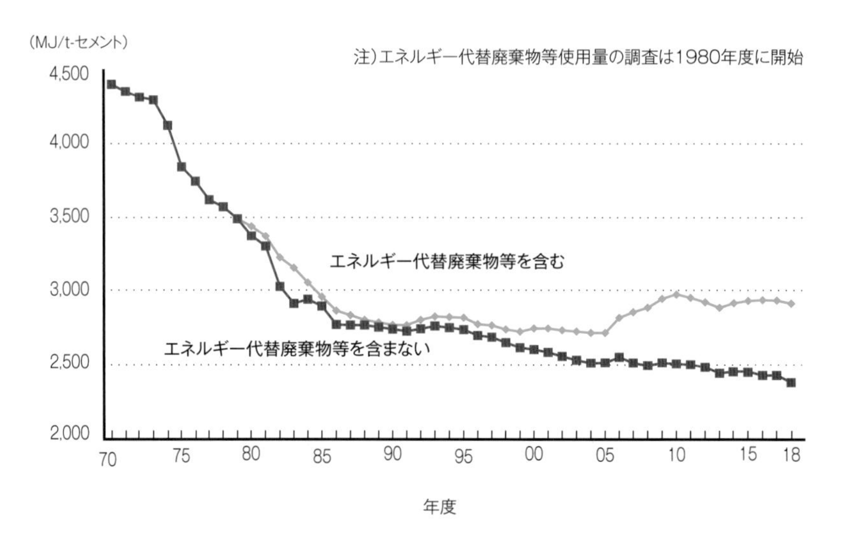

図3-16　セメント製造用熱エネルギー原単位の推移
※最新データはセメント協会のホームページをご覧下さい

②廃熱発電による電力エネルギー

セメント製造において、熱エネルギーは有効に利用されており(p.8「少しくわしく」参照)、その一つとして廃熱発電が行われている。廃熱発電は、排ガスの持つ熱エネルギーを利用して発電を行うものである。排熱発電により得られた電力エネルギーは、自家火力発電による電力エネルギーとは区別している。

(2)セメント製造用熱エネルギー原単位の推移

セメント製造用熱エネルギー原単位(セメントを1t製造するのに必要な熱エネルギー)は、1970~1990年度の20年間で約40%低減している(図3-16)。

この最大の要因は、DB(ドライボイラー付きキルン)、L(レポールキルン(半温式))やW(湿式ロングキルン)に比べ、エネルギー効率が飛躍的に優れ、かつ量産効果の高いSP・NSPキルンへの転換が進んだことであり、1997年度には100%転換された(図3-17、図3-18)。

(3)電力エネルギー原単位の推移

電力エネルギー原単位(セメントを1t製造するのに必要な電力エネルギー)は、1970~1990年度の20年間で約20%低減している(図3-19)。

これは、原料工程において、より粉砕効率の優れたたて型ミル(写真1-4、4ページ)が、焼成工程では廃熱発電(写真3-8)が、また、仕上げ工程において予備粉砕機が積極的に導入された等の結果である。

しかし、近年は廃棄物・副産物の利用の拡大に伴い、上昇傾向にある。

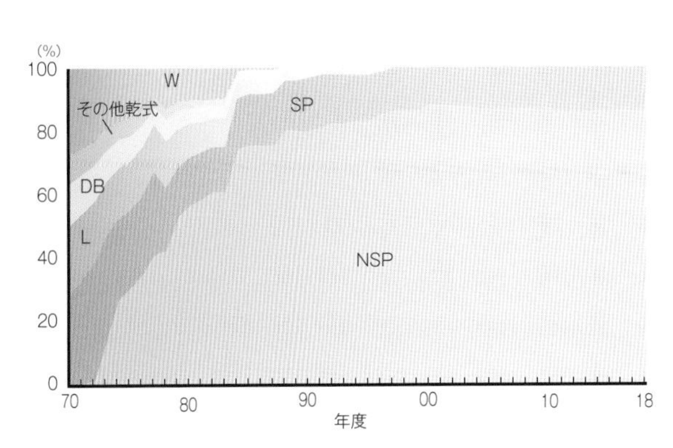

図3-17 キルン様式別生産能力構成比の推移

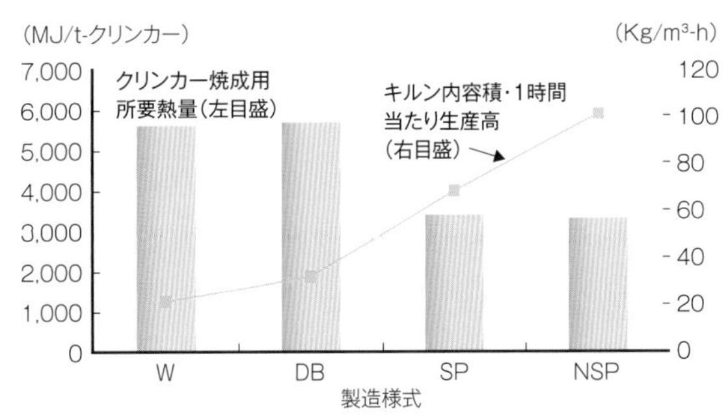

(注)NSPキルンは、従来型キルンに比べ熱効率が非常に高く、かつ量産性に優れた方式で、クリンカー焼成用所要熱量はW、DBキルンより4割も少なく、しかも内容積当たり生産高はWキルンの5倍近い(1980年度実績値)。

図3-18 NSPキルンの省エネルギー・量産効果(1980年度)

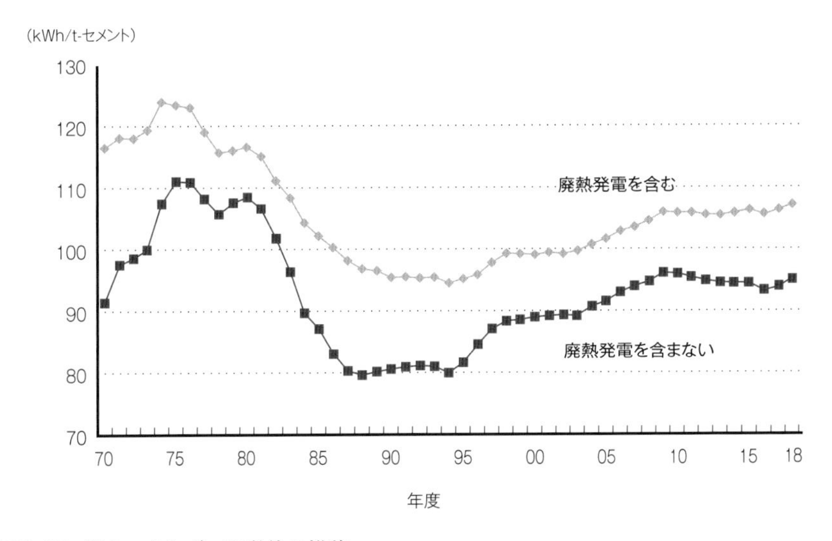

図3-19 電力エネルギー原単位の推移

※最新データはセメント協会のホームページをご覧下さい

写真3-8 代表的な省エネ設備である廃熱発電が設置されたセメント工場(矢印部が廃熱発電用ボイラー)

産業編

(4)環境自主行動計画

わが国のセメント産業は、(2)や(3)で示したように京都議定書基準年(1990年度)までに、すでに相当の省エネルギーを行ってきた。しかし、他の多くの業種とともに、日本経団連の「環境自主行動計画」(URL:http://www.keidanren.or.jp/policy/vape.html)の呼びかけの元、自主的に計画を策定し、「2008～2012年度におけるセメント製造用エネルギー原単位[セメント製造用熱エネルギー(エネルギー代替廃棄物を除く)+自家発電用熱エネルギー(エネルギー代替廃棄物を除く)+購入電力エネルギー]の平均を1990年度比3.8%低減させる。」という省エネルギー目標値を設定して、活動を行った。その結果、省エネ設備の導入やエネルギー代替廃棄物の利用拡大が進んだことにより、最終的には、目標の「3.8%低減」を上回る4.4%低減を実現し、目標を達成した。

なお、その自主的な活動は2013年度より新たな取り組み「低炭素社会実行計画」へと移行している。

(5)海外に対する取り組み

2005年7月、クリーンで効率的な技術の開発・普及を通じて、環境問題、エネルギー安全保障、気候変動問題へ対処することを目的に、日本、米国、豪州、中国、韓国、インドの6カ国(2008年よりカナダも参加)にて官民が参加する「クリーン開発と気候に関するアジア太平洋パートナーシップ(以下、APPと略)」が発足した。このAPPでは、増大するエネルギーの需要、大気汚染、エネルギーの安全保障、および温室効果ガス濃度に関する課題について、政府と産業とが共同して取り組んだ。

活動した8つのセクターのうち、セメントセクターは日本が議長国となり、セメント協会は政府(経済産業省)と協力して、APPに参加している途上国に対して、省エネ技術の紹介、セメント工場からのCO_2排出量の計算方法の説明などを行った。

2011年4月にAPPの活動は終了したが、日本のセメント産業は、日本のセメント製造用エネルギーの使用状況、省エネ技術(設備)の導入状況、廃棄物の利用状況などを世界に発信して、世界的にみたセメント製造用エネルギーの削減や循環型社会への構築に貢献している。また、その一環として、安倍首相の提唱により2014年度より開催されているInnovation for Cool Earth Forum(ICEF)の第2回年次総会(2015年10月)のセメント分科会においても、震災廃棄物の利用を含めた日本の状況を発信した。

(6)低炭素社会実行計画

日本経団連は、環境自主行動計画に引き続く自主的な活動として、2009年12月に国内企業活動における2020年度削減目標を含む「低炭素社会実行計画」を策定した(URL:http://www.keidanren.or.jp/japanese/policy/2009/107.html)。その後、温暖化対策に一層の貢献を果たすため、2014年7月に2030年に向けた低炭素社会実行計画(フェーズII)を策定した(URL:http://www.keidanren.or.jp/policy/2015/031.html)。セメント産業においても2013年1月に2020年度におけるセメント製造用エネルギーの削減目標を設定して自主的に低炭素社会実行計画を策定し、その後、2014年12月には2030年目標を設定したフェーズIIも公表している。なお、この実行計画では、自ら削減する目標だけでなく、コンクリート舗装の普及などの低炭素製品・サービス等による削減、並びに海外での削減貢献も行動計画の柱として盛り込み、PDCA サイクルを推進しながら地球温暖化対策に取り組んでいる。

低炭素社会実行計画は、2016年5月に閣議決定された「地球温暖化対策計画」においても産業界における中心的な対策と位置付けられており、着実な実施と評価・検証が求められている。セメント産業では、2017年度実績で2030年度目標を3年連続で達成したことを鑑みて、目標の見直しについて検討を行い、2019年度フォローアップより「セメント製造用エネルギー原単位を2010年度実績から、2030年度において125MJ/t-cem低減する(見直し前:49MJ/t-cem低減)」を新目標として、更なる省エネルギーに努めている(図3-20)。

4.2 廃棄物・副産物の有効利用

わが国では、経済の発達とともに多くの廃棄物や副産物が排出されるようになった。しかし、近年では最終処分場の新規立地が困難なことから、いかにしてリサイクルを進め、最終処分量を減らすかが社会全体の問題になってきている。セメント産業は、産業基礎資材であるセメントを製造し供給する動脈産業としての役割だけでなく、大量の廃棄物や副産物を外部より受け入れ、セメント製造に利用し、わが国の循環型社会を支える静脈産業としての役割も担っている。

(1) セメント産業で利用される廃棄物・副産物の種類と用途

セメントクリンカーの製造には、主要な化合物（表1-5、5ページ）を構成するカルシウム、けい素、アルミニウム、鉄を多く含んだ原料が必要で、かつてはそのほとんどを天然原料に依存してきた。しかし、これらの成分を含んでいれば廃棄物や副産物を天然原料の代替として利用することが可能である（表3-7）。

表3-7　主な廃棄物・副産物の成分例

(%)

セメント原料（廃棄物・副産物）	酸化カルシウム CaO	二酸化けい素 SiO_2	酸化アルミニウム Al_2O_3	酸化第二鉄 Fe_2O_3
石炭灰	5~20	40~65	10~30	3~10
焼却灰	20~30	20~30	10~20	~10
下水汚泥	5~30	20~30	20~50	5~10
鋳物砂	~5	50~80	5~15	5~15
廃タイヤ			~10	5~20
高炉スラグ	30~60	20~45	10~20	~5

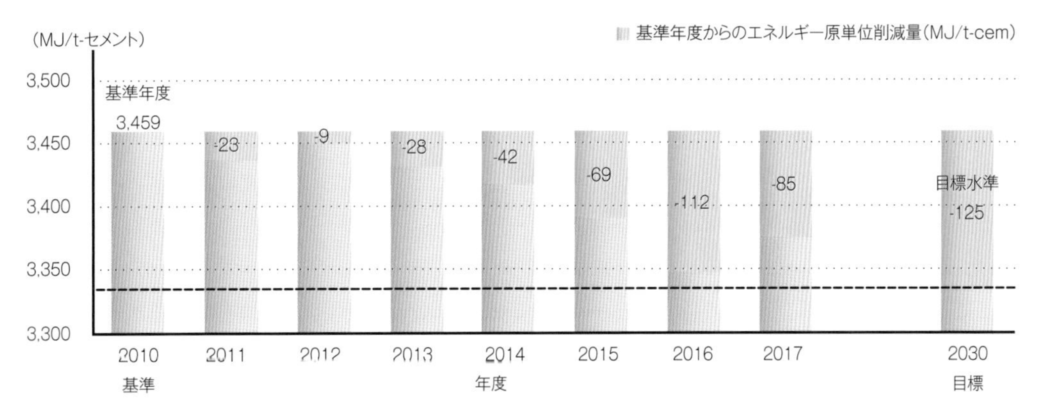

図3-20　セメント製造用エネルギー原単位の推移
※最新データはセメント協会のホームページをご覧下さい

表3-8　セメント業界が活用している廃棄物・副産物の主な用途と使用量

(単位:千t)

種類	主な用途	1990年度	1995年度	2000年度	2005年度	2010年度	2015年度	2016年度	2017年度	2018年度
高炉スラグ	原料、混合材	12,213	12,486	12,162	9,214	7,408	7,301	7,434	7,398	7,852
石炭灰	原料、混合材	2,031	3,108	5,145	7,185	6,631	7,600	7,597	7,750	7,681
汚泥、スラッジ	原料	314	940	1,906	2,526	2,627	2,933	3,052	3,255	3,267
建設発生土	原料	−	−	−	2,097	1,934	2,225	2,149	2,179	2,229
副産石こう	原料(添加材)	2,300	2,502	2,643	2,707	2,037	2,278	1,850	1,823	1,531
燃えがら(石炭灰は除く)、ばいじん、ダスト	原料	468	487	734	1,189	1,307	1,442	1,534	1,524	1,530
非鉄鉱滓等	原料	1,559	1,396	1,500	1,318	682	722	757	795	811
廃プラスチック	熱エネルギー	3	9	102	302	445	576	623	643	718
木くず	熱エネルギー	0	41	2	340	574	705	642	543	517
鋳物砂	原料	169	399	477	601	517	429	409	446	455
製鋼スラグ	原料	779	1,238	795	467	400	395	405	374	387
廃白土	原料、熱エネルギー	40	94	106	173	238	293	324	314	335
廃油	熱エネルギー	90	107	120	219	275	311	287	287	264
再生油	熱エネルギー	51	126	239	228	195	179	195	209	223
ガラスくず等	原料	0	1	151	105	111	129	141	130	152
廃タイヤ	原料、熱エネルギー	101	266	323	194	89	57	69	63	70
肉骨粉	原料、熱エネルギー	0	0	0	85	68	57	57	59	60
RDF, RPF	熱エネルギー	0	0	27	49	48	37	35	37	40
ボタ	原料、熱エネルギー	1,600	1,666	675	280	0	0	0	0	0
その他	−	14	233	253	315	408	382	438	502	459
合計	−	21,763	25,098	27,359	29,593	25,995	28,053	27,997	28,332	28,583
セメント生産高		86,849.2	97,496.	82,372.6	73,931.3	55,902.5	59,074	59,114	60,202	60,074
セメント1t当たりの使用量(kg/t)		251	257	332	400	465	475	474	471	476

注1.「建設発生土」は2002年度以降調査を開始。 2.「汚泥・スラッジ」は下水汚泥を含む。
3.「廃プラスチック」にはシュレッダーダストを含む。 4.「石炭灰」は電力業界以外の石炭灰を含む。

セメント産業は、さまざまな廃棄物や副産物を利用する技術を開発し、天然原料の代替（代替原料）として、熱エネルギーの代替として利用している（表3-8、図3-21）。

2018年度の全セメント工場の廃棄物・副産物等の受け入れ総量は年間約2,860万tとなり、セメント1tあたりの廃棄物・副産物の使用量は476kgとなった（表3-8、図3-22）。

表3-8に示すように、高炉スラグと石炭灰は使用量が多い。高炉スラグは発生量の約1/3をセメント産業で混合材や原料として用いている（図3-23）。石炭火力発電所から排出される石炭灰においては、発生量の約半分を原料や混合材として用いている（図3-24）。

近年では、下水汚泥や都市ごみ焼却灰など生活系の廃棄物を受け入れ、セメントクリンカー製造用の原料としての有効利用を進めている。また、土壌汚染対策法の成立に伴い、汚染土壌の受け入れ処理も行われている。

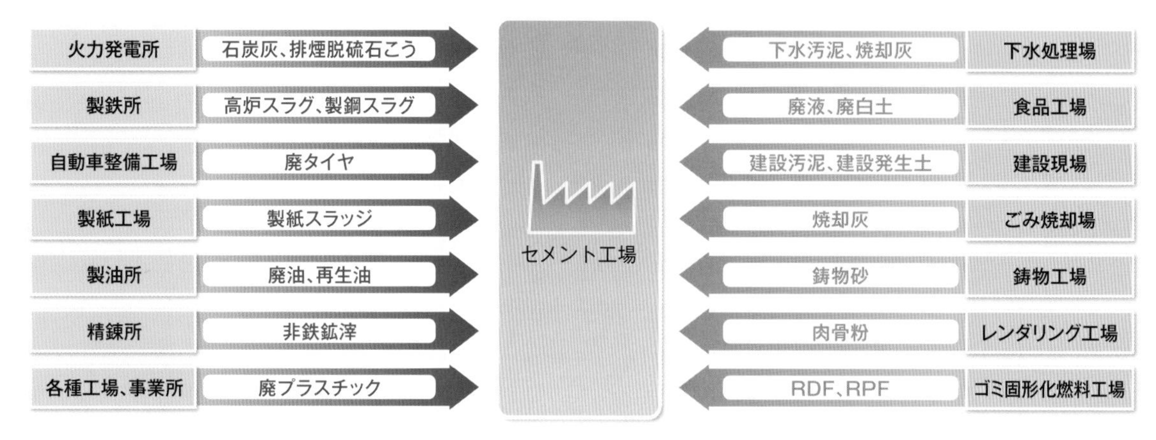

図3-21　セメント工場を中心とした資源循環型システムの例

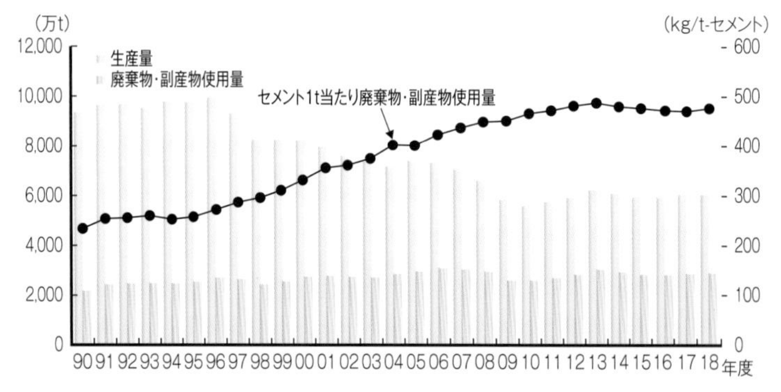

図3-22　廃棄物・副産物使用量と生産量の推移　　※最新データはセメント協会のホームページをご覧下さい

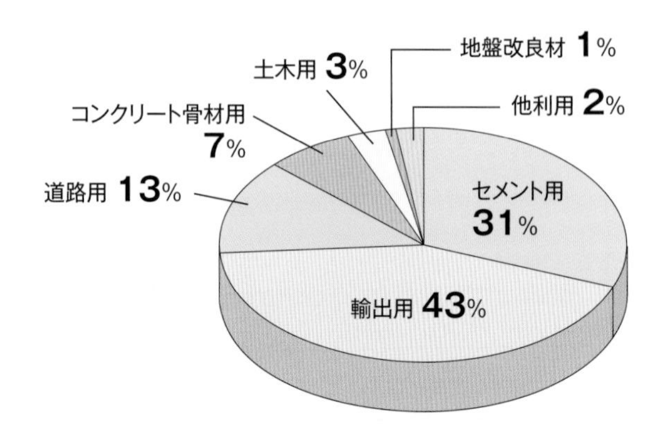

出所:鉄鋼スラグ協会（2017年度使用量:23,970千t）

図3-23　高炉スラグの利用状況

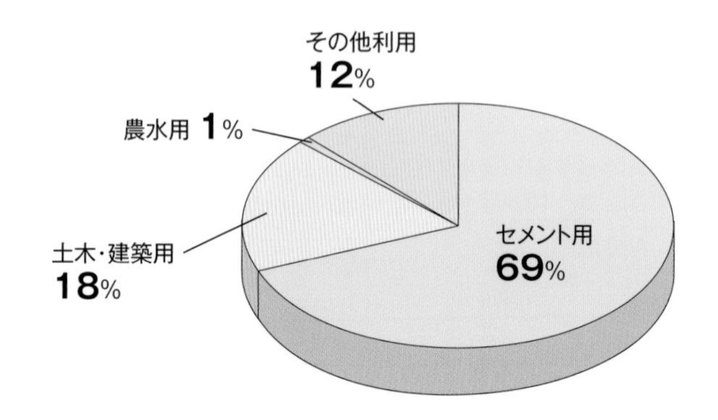

出所:（一財）石炭エネルギーセンター（2017年度利用量:9,164千t）

図3-24　石炭灰の利用状況

(2)セメント産業における廃棄物利用の有効性

一般的にごみは焼却炉で焼却処理し、後に残る灰を最終処分場へ運び、埋め立て処理されている。これに対し、セメント工場で廃棄物を代替原料または熱エネルギー代替として利用した場合、それらの灰分はクリンカーの原料の一部となる。したがって、セメント工場での廃棄物の利用は二次廃棄物の発生を伴わない。

図3-25に「セメント産業における熱エネルギー代替廃棄物利用の有効性」の概念図を示す。

一般的なごみ焼却炉では、可燃性の廃棄物を焼却する際、発生する熱の利用が行われていない施設がまだある。一方、セメント工場では、可燃性の廃棄物はセメント製造における熱エネルギーとして利用できるため、化石起源の熱エネルギーの使用量をその分減らせる。現在、熱エネルギーの約18%がエネルギー代替廃棄物に置き換わっている。また、セメント工場では、焼成に用いた熱エネルギーを廃熱発電で回収するなどして、有効利用率を高めており(図1-5、8ページ)、可燃性の廃棄物による熱はより有効に利用されていると言える。

しかし、廃棄物自身の燃焼によるCO_2の排出量は焼却炉で焼却した場合もセメント工場で熱エネルギー代替として利用した場合も同じである。

(3)セメント産業の廃棄物利用による社会貢献

①最終処分場の延命

日本は国土が狭く、埋め立て処分する場所も限りがある。また、最終処分場の新規の立地は全国的に非常に厳しい状況にある。したがって、今ある処分場をいかに長く使用するかが重要な課題となっている。セメント産業が多くの廃棄物や副産物を受け入れることは、限られた処分場の長寿命化に貢献している。セメント協会の試算によれば、その効果は次の通りである。

(A)	産業廃棄物最終処分場残余容量(2017年4月)	167,766(千m³)
(B)	産業廃棄物最終処分場残余年数(2017年4月)	17.0(年)
(C)	2017年以降の産業廃棄物の年間最終処分量試算値〔(A)/(B)〕	9,869(千m³)
(D)	セメント工場が1年間に受入れている廃棄物・副産物等の容積換算試算値	20,430(千m³)
(E)	セメント工場が受入処理しなかった場合の最終処分場の残余年数試算値〔(A)/(C)+(D)〕	5.5(年)
(F)	セメント工場が廃棄物等を受入処理することによる最終処分場の延命効果試算値〔(B)-(E)〕	11.5(年)

②災害廃棄物の処理

2011年3月11日に発生した東日本大震災では、岩手県と宮城県だけで、約2000万tもの膨大な災害廃棄物が発生した。[参照:環境省災害廃棄物処理のアーカイブ http://kouikishori.env.go.jp/archive/h23_shinsai/implementation/contents/]

セメント産業は東北地方のセメント工場を中心に災害廃棄物の受け入れに協力し、復旧復興に貢献した。なお、国においては、東日本大震災を教訓に今後、大規模な災害が発生した場合に備えるべく、国が集約する知見・技術を有効に活用し、各地における災害対応力向上につなげるため、その中心となる関係者による人的な支援ネットワークを構築すべく、2015年9月、災害廃棄物

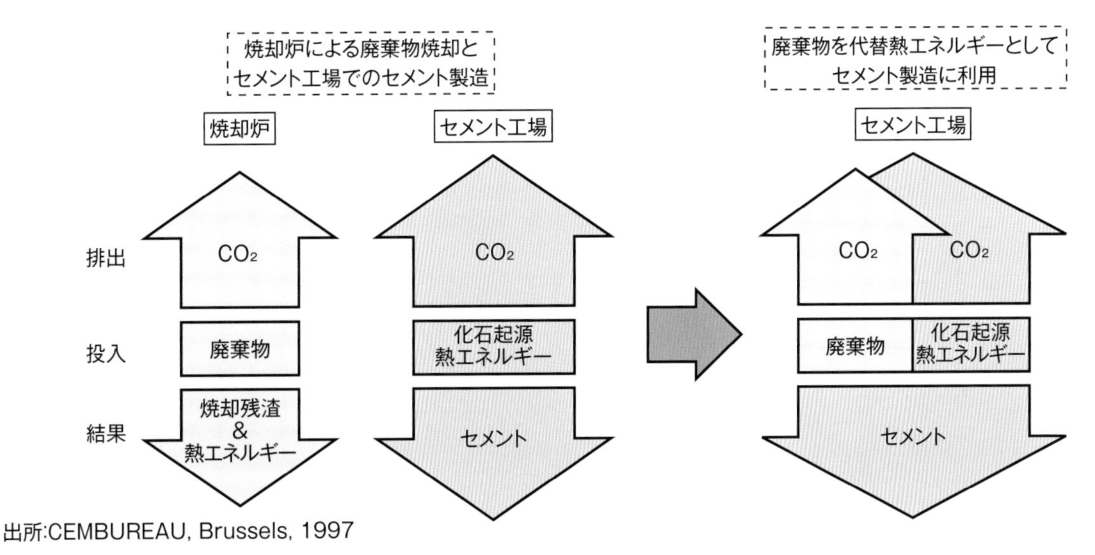

出所:CEMBUREAU, Brussels, 1997

図3-25 セメント産業における熱エネルギー代替廃棄物利用の有効性

産業編

処理支援ネットワーク（D.Waste-Net）を発足させた。セメント協会も「復旧・復興対応支援」の民間事業者団体グループの一員としてネットワークに参加しており、同ネットワーク発足以降、各地において発生した様々な災害に対応している。実際に、2016年4月に発生した熊本地震においては、約290万tもの災害廃棄物が発生した中、約7%にあたる21.5万tの災害廃棄物を受け入れて、被災地における復旧・復興に向けての支援を行った。

写真3-9　災害廃棄物の受入れ事例
（平成28年熊本地震で発生した廃瓦）

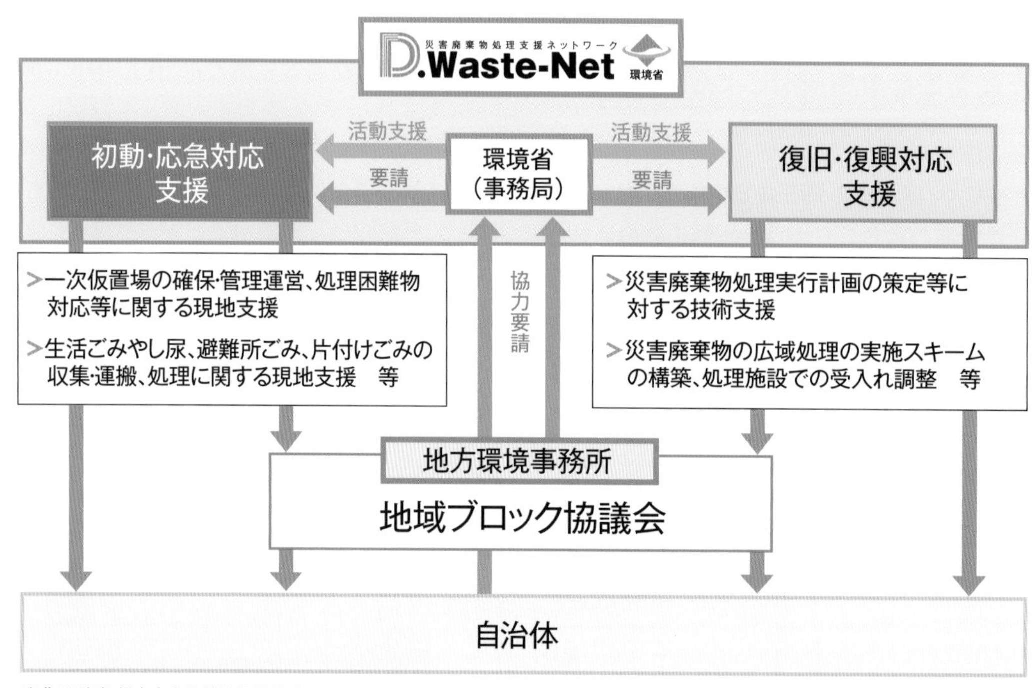

出典:環境省 災害廃棄物対策情報サイト D.Waste-Net
図3-26　D.Waste-Netの災害時の支援の仕組み

1 セメント・コンクリートの歴史

1.1 先史時代のセメント

セメントのルーツは、いまから約9,000年前の新石器時代にさかのぼるといわれている。それはイスラエル・ガリラヤ地方のイフタフ（Yiftah）から発掘された住居の床と壁から、現在のコンクリートに匹敵するものが出現したからである。このコンクリートは、セメントは石灰石をベースとしたもの、骨材は石灰石を砕いたものを用い、かなり少なめの水で練ったものである、と報告されている（ROMAN MALINOWSKIほか／『セメント・コンクリート』No. 519）。

また、中国の西安にほど近い大地湾地区からは約5,000年前の住居跡が発見されたが、床に使用されていたコンクリートには「料きょう石」（炭酸カルシウムが主成分で粘土分なども含んだ石）からつくったセメントが用いられていた、といわれている（李最雄／『日経サイエンス』1987年7月号）。

人類が狩猟生活から脱皮し、農耕文化を定着させた新時代に、現在と同じような「水硬性」をもったセメントやコンクリートをどのようにしてつくったかは不明だが、恐らく、何世代・何世紀にもわたって技術が伝承されていったものと思われる。

写真4-1　せっこうモルタルが使われているピラミッド

一方、BC2600年頃につくられたといわれる古代エジプトのピラミッド（写真4-1）や、その後の古代ギリシア・ローマ時代の構造物は、主に石を利用したものであり、石材と石材との接合には、石灰、焼きせっこう（膏）、火山灰などの天然材料に砂や泥などを混ぜたものが使われていた。これらの接合材は広義には「セメント」といえるが、そのほとんどは「気硬性」であり、科学的に「焼成」されたものではない。これは、混ぜるものを工夫して強い接合材料をつくった時代といえる。

このことは、先述のイフタフや西安で使われていた水硬性をもったセメントの製造技術が、世界各地で起こった文明に伝承されていかなかったことを意味している。

1.2 ポルトランドセメントの発明

その後、中世を経て近世初期までは、セメントの歴史には大きな進歩はみられていない。しかし、18世紀中頃、イギリスで産業革命が起こり、これによってにわかに近代セメントの発明を促す研究や発明が相次いだ。

1756年、ジョン・スミートン（英）は、自国のエジストーン灯台（写真4-2）の復旧工事のさいに、粘土分を多く含んだ不純な石灰石を低い温度で焼き「水硬性の接合材」を発明。また、1796年、ジェームス・パーカー（英）は、粘土を含んだ石灰石を高温で焼いて水硬性セメントをつくった。このセメントは後に「ローマンセメント」と呼ばれ、テムズ川底のトンネル工事などに広く使われた。そしてこのセメントは、1810年代にはジェームス・フロスト（英）や、ジョセフ・ビーカー（仏）によって改良されていった。

写真4-2　スミートンのつくったエジストーン灯台

写真4-3　アスプジンのつくったたて窯

資料編

イギリスのれんが積み職人ジョセフ・アスプジンは、石灰石を粉砕して、焼いたものに粘土を混ぜ、水を加えて微粉砕してさらに炉で焼いて粉砕したセメントを発明した（写真4-3）。1824年10月、彼はこのセメントでつくった人造石材について『人造石製造法の改良』という標題で特許をとり、このセメントを「ポルトランドセメント」と名づけた。これにより、アスプジンは「近代セメントの発明者」といわれるようになるが、スミートンやビーカーなどの貢献も大きいといえよう。この発明がきっかけとなり、ポルトランドセメントの研究が急速に進み、1826年にはウイリアム・パズレー（英）によってローマンセメントと同等の品質のセメントが開発された。さらに1844年にはチャールズ・ジョンソン（英）により科学的な論理づけと、石灰石を半溶融するまで焼成するという新たな製造方法が開発され、信頼性の高いセメントがつくられるようになっていった。

このように、ポルトランドセメントはイギリスで発達し、1850年には4つの製造工場が操業を開始、1851年のロンドン博覧会ではその品質の優秀性が立証された。

各国でセメント工業が企業としての形を整えるのは19世紀後半以降のことで、ポルトランドセメントの製造開始は、イギリス1825年、フランス1848年、ドイツ1850年、アメリカ1871年、日本は1875年となっている。

写真4-4 平岡通義

写真4-5 宇都宮三郎

1.3 日本のセメント工業の発祥

日本で初めてポルトランドセメントが使用されたのは幕末の頃といわれている。このセメントはフランスから輸入されたものであり、その後、1871（明治4）年、横須賀造船所2号ドックの工事をするさいに使用したフランス製のセメントが巨額であったことから、国産化の気運が高まったと伝えられている。

この頃の日本は、国家近代化を強力に進めようとしているときであり、セメントはいくらでも必要であると考えられた。そのため、ドック工事を指揮していた平岡通義（写真4-4）は、セメント工場の必要性を国に進言するとともに、東京・赤坂につくられた化学試験所で、後に工部省技術官となる化学の研究家・宇都宮三郎（写真4-5）とともにセメントの研究に励むこととなった。

1873（明治6）年、東京・深川にわが国初の官営セメント工場が建設されたが、つくられたセメントは品質的に劣っていた（写真4-6）。そこで、1872（明治5）年から約1年間、伊藤博文の随員として各国で学んできた宇都宮三郎の新知識を基に工場を改築し、イギリス・フランスの技術を導入して、1875（明治8）年5月19日、日本で初めて信頼できる品質のポルトランドセメントの製造に成功した。

その後、1884（明治17）年に、この工場は民間に払い下げられた。また、これより先の1881（明治14）年には現在の山口県山陽小野田市に、わが国初の民営セメント工場が建設され、1883（明治16）年から操業された（写真4-7）。これらは現在の太平洋セメント（株）の前身である。当時の生産量は、両工場合わせても月産1,400樽（1樽は約135kg）程度だったといわれている（写真4-8）。

写真4-6 わが国初期のセメント工場（東京・深川）

工場の民営化によりセメントの生産は進展したが、財政難やセメントに対する認識不足から需要は思ったほどの伸びはみられなかった。しかし、1891（明治24）年に起きた濃尾大地震によりコンクリート構造物の耐震性が証明され、また日清（1894～1895年）・日露（1904～1905年）の戦勝によってセメント需要が高まり、生産量も大きく伸びることになった。セメント会社も1897（明治30）年には15に増え、また原料を焼成する窯も従来の「たて窯」に代わる「回転窯」を1903（明治36）年にはアメリカから輸入、これによって品質・生産量とも飛躍的に向上した（写真4-9）。

工場数も増え、生産量の増大に伴って標準となるセメントの規準や試験方法の必要性が生まれ、農商務省告示第35号としてわが国最初のセメント規格「日本ポルトランドセメント試験方法」が制定されたのは1905（明治38）年2月のことである。初期の規格は購入基準的な性格であったが、セメントの品質向上とともに改正を重ね、1950（昭和25）年制定の日本工業規格（JIS）「ポルトランドセメント」のような国家規準に発展した。

写真4-7　近代化遺産として山口県に残るたて窯

写真4-8　明治時代のセメント容器・木樽

写真4-9　たて窯に代わって登場した初期の回転窯

1.4 コンクリート技術の発祥

アスプジンによって発明され、ジョンソンによって改良されたポルトランドセメントは、品質の優秀性からローマンセメントをしのぐようになり、使われ方も、石材と石材の接合材（モルタル）としてだけでなく、コンクリート構造物への応用へと進展していった。しかし、コンクリートだけでは引張り方向の力（引張強度）に弱い（もろい）ことがわかり、この弱さを補強するための研究が1850年代にフランスで始められた。

とくに1867年、植木職人だったジョセフ・モニエ（仏）は、モルタルの中に針金を網状にして入れ、薄くて丈夫な植木鉢をつくることに成功。これは、モルタルの弱点を針金で補ったもので、後の構造物に大きな影響を与える「鉄筋コンクリート」の誕生である。以後、モニエは、管・貯水槽・床版などにこれを応用し、1875年には長さ15.6m・幅4.2mの鉄筋コンクリート橋を建設した。

これを契機として、欧米では1900年頃までに建築物・橋・トンネル・ダムなど鉄筋コンクリートによる構造物がつくられ、「鉄筋コンクリート時代」の幕あけとなった。

コンクリートの引張強度をさらに高める「プレストレストコンクリート」の研究は、1886年P.H.ジャクソン（米）によって行われた。これは、コンクリートの中に入れた鋼材をコンクリートの両端で緊張し、固定させたもので、弾性のある強いコンクリートの誕生である。その後、この方法は各国の多くの研究者によって改良され、1928年、ユージェーヌ・フレシネ（仏）は、コンクリートと緊張材の関係を明らかにするとともに、多くのコンクリート製品や構造物に応用しプレストレストコンクリート技術の基礎を確立した。

資料編

日本に鉄筋コンクリートの技術が導入されたのは1895（明治28）年頃だといわれているが、この工法による最古の土木構造物は1903（明治36）年に京都・琵琶湖疏水路上に架けられた橋（写真4-10、長さ7.3m）で、建築構造物は1904（明治37）年に建てられた長崎県・佐世保重工業のポンプ小屋である、といわれている。

プレストレストコンクリートの日本への紹介は1939（昭和14）年のことで、実用化は1949（昭和24）年頃に鉄道のまくら木へ、そして1951（昭和26）年頃には東京駅のプラットホームに応用された。

鉄筋コンクリートとプレストレストコンクリートの発明は、セメントの品質向上と相まって、後のコンクリート構造物を「高く・長く・広く・深く・強く・軽く」する原動力となった、といえよう。

また、近年までのコンクリートの施工性向上や高性能化に貢献した材料としてコンクリート用混和剤の存在がある。

混和剤は、AE剤が1930年代にアメリカで発見・実用化後、1940年代後半に日本に導入され、ワーカビリティーやブリーディング性状の改善、耐凍害性の向上のための活用が始まった。その後、コンクリートポンプによる施工が拡大するなかでAE剤と減水剤の機能を兼ね備えたAE減水剤や流動化剤、これらの性能をさらに向上した高性能AE減水剤が1990年代までの間につぎつぎと出現した。これにより最近では、圧縮強度100N／mm^2を超えるような超高強度コンクリートが製造可能になり、コンクリートによる超高層建築の可能性を一段と拡げている。

このほかにも膨張剤、水中不分離性コンクリートなど特殊混和剤を含め多種多様な性能をコンクリートに付与する混和剤が登場し、今後のコンクリート技術の発展に必要不可欠な材料のひとつになっている。

写真4-10　琵琶湖疏水に残るわが国初の鉄筋コンクリート橋

写真4-11　わが国初の本格的鉄筋コンクリートオフィスビル／東京・黒澤商店（明治43年竣工）

写真4-12　わが国で最初の本格的PC橋／第一大戸川橋梁・滋賀県

資料編

2 この本で使用したおもな技術用語

注）[セ]、[コ]、[産]と表示したものは、それぞれ[セメント編]、[コンクリート編]、[産業編]でおもに使用した用語を示す。また、当用語集はこの本のために編集したもので、必ずしも学術用語と一致しないのでご注意いただきたい。

1) 圧縮強度　compressive strength／[コ] コンクリートの性質のうち、圧縮する力に抵抗できる強さの程度。標準養生された材齢28日のφ10×20cmの円柱供試体による試験値で表示されることが多い。

2) アルカリ骨材反応　alkali aggregate reaction／[セ]骨材に含まれるシリカ質がセメント中のアルカリ分（Na_2O,K_2Oなど）と反応すること。詳しくは「アルカリシリカ反応」という。

3) アルミネート相　C_3A／[セ]セメントクリンカーを構成する化合物の一種で間隙相物質のひとつ。化学式では$3CaO \cdot Al_2O_3$で表される。

4) エアーセパレータ／[セ]粉体を空気によって大きさ別に分ける装置で、正しくは「回転型遠心分級機」という。セメント製造における仕上げ工程で、粉砕機から出た粉を粗・細に分け、粗い粒子を再び粉砕機に戻す装置。

5) エアークエンチングクーラー／[セ]キルンで焼成されたものを急激に冷却する装置。

6) エーライト　C_3S／[セ]セメントクリンカーを構成する主要な化合物の一種で化学式では$3CaO \cdot SiO_2$で表される。短期・長期にわたる強度発現を担っている。

7) エトリンガイト／[セ]$3CaO \cdot Al_2O_3 \cdot 3CaSO_4 \cdot 31$～$33H_2O$で表される化合物で、セメント中のせっこうとアルミネート相とが反応してできる。

8) 塩害／[コ]おもに海洋環境において、海水の塩化物によってコンクリート中の鉄筋が腐食する被害。

9) エントラップトエア　entrapped air／[コ]コンクリートの練混ぜや運搬のさいに、コンクリートの中に自然に巻き込んでしまう空隙。この空隙をなくすように締固めが必要になる。

10) エントレインドエア　entrained air／[コ]コンクリート中に薬剤（AE剤）を用いて導入した空気で、細かく独立して分散している空気。「連行空気」ともいう。

11) 回転窯（ロータリーキルン）／[セ]セメントを焼成する窯（キルン）。

12) かぶり厚さ／[コ]鋼材あるいはシース管の表面からコンクリート表面までの最短距離ではかったコンクリートの厚さ。

13) 乾式方法／[セ]セメント原料を乾燥した状態で調合して焼成する方法。焼成の余熱を利用して原料を乾燥するこの方法が現在の主流である。

14) 乾燥収縮　drying shrinkage／[コ]コンクリートやモルタルが乾燥によって縮む現象。一般的な構造物の設計では$150～350×10^{-6}$程度の収縮ひずみを考慮している。

15) 気硬性　air hardening／[セ]「水硬性」の対語として使用。空気中で硬化する性質。

16) 供試体　specimen／[コ]試験用の試料（片）。圧縮強度試験には通常φ10×20cm～φ15×30cmの円柱形のものが使用される。

17) グラウト　grout/[セ]トンネル地山や地盤などの間隙部や各種コンクリート構造物の打継ぎ部の充填、プレストレストコンクリート鋼線の付着力増強のために注入材として用いるセメントミルクやセメントモルタルの一般的な名称または、その作業のことをいう。

18) 軽量骨材　light-weight aggregate／[コ]コンクリートの質量を軽くするために用いる密度の小さな骨材。①人工的に製造したもの（人工軽量骨材）、②火山れきなどの天然骨材、③フライアッシュなどを原料とし、造粒焼成した軽量骨材がある。

19) 高強度コンクリート　high strength concrete／[コ]通常のコンクリートより高い領域の強度をもつコンクリートをいう。高性能AE減水剤などを用いて水セメント比（W／C）を小さくしたコンクリートで、40～60N／mm^2程度の強度のもの。最近では60N／mm^2を超えるものも実用化されている。

20) 高炉スラグ　blast-furnace slag／[コ]銑鉄製造のさいに溶鉱炉（高炉）で副産される非金属の溶融鉱物。冷却・粉砕してセメント混合物やコンクリート用骨材として使用されている。

21) 骨材　aggregate／[コ]コンクリートの大部分を占める材料である砂や砂利・砕石を指す用語。コンクリートの骨格をなすものと言える。

22) コンクリートオーバーレイ　concrete overlay／[コ]わだち、ひび割れなどを起こした舗装の上に、加熱アスファルト混合物等を舗設する修繕工法をいうが、修繕に用いる材料をコンクリートとする場合は、コンクリートオーバーレイという。またアスファルト舗装上へのコンクリートオーバーレイを特にホワイトトッピングともいう。

23）混和材　admixture／［コ］混和材料のうち、比較的多量に用いるもの。

24）混和剤　chemical admixture／［コ］混和材料のうち、薬剤的に少量用いるもの。

25）混和材料　admixture／［コ］コンクリートの品質改善を目的として混入する材料。使用量の大小により、混和材と混和剤に分類される。

26）細骨材　fine aggregate／［コ］骨材のうち5mm以下のものを指す。砂のこと。

27）細骨材率／［コ］骨材全体に占める細骨材の容積比。“s／a”と表示されることもある。

28）材齢（材令）　age／［コ］モルタル、コンクリートなどを打込んでから経過した時間を指す。通常「日」単位で表現される。例えば、「材齢7日」とは、打込んでから7日目の状態を指す。

29）湿式方法／［セ］セメント原料を湿った状態で調合してから焼成する方法。

30）締固め　compaction／［コ］モルタルやコンクリートに外力を加えて密実にすること。バイブレータ等によって行われる。

31）焼成／［セ］セメントの原料を窯（キルン）で高い温度で焼き、化学反応を促してセメントの中間製品である「クリンカー」をつくること。

32）水硬性　hydraulic／［セ］加えた水と反応し、固まる性質。

33）水和熱　heat of hydration／［セ］セメントが水和反応のさいに発する熱。

34）水和反応　hydration／［セ］水と反応すること。

35）スラブ　slab／［コ］面の広がりをもつ水平な板の意。床などの板状の部材を指す語として使われる。

36）スランプ試験　slump test／［コ］フレッシュコンクリートの軟らかさの程度などを調べる試験。

37）絶乾状態／［コ］骨材の乾燥状態を表す用語で、骨材の表面も内部も完全に乾燥している状態をいう。正しくは「絶対乾燥状態」という。

38）セメントクリンカー　cement clinker／［セ］セメントの原料をキルンで焼成した塊状のもの。この状態で仕上げ工程のみを備えた工場に輸送される場合もある。単にクリンカーともいう。

39）繊維補強コンクリート fiber reinforced concrete／［コ］鋼繊維やガラス繊維を補強材として混入したもの。

40）粗骨材　coarse aggregate／［コ］骨材のうち、5mmを超える大きさのもの。砂利や砕石が使用される。対象とする構造物により、粗骨材の最大寸法が選定される。

41）脱型／［コ］型枠内に打込んだコンクリートが、ある程度硬化した後に型枠を取りはずすこと。

42）中性化　carbonation／［コ］コンクリートはpH12程度の高いアルカリ性であるが、コンクリート中の水酸化カルシウム$Ca(OH)_2$が空気中の二酸化炭素と反応して炭酸カルシウムが生成し、中性に近づくことを指す。

43）鉄筋コンクリート　reinforced concrete／［コ］鉄筋で補強したコンクリート。頭文字をとって「RC」と称する場合がある。材料の特性を生かしコンクリートが圧縮力に、鉄筋が引張力に抵抗するように設計される。

44）凍害／［コ］コンクリートが受ける被害のうち、コンクリート中の水分の凍結によるものを指す。打設初期には硬化不良、また硬化後のコンクリートでは凍結・融解の繰返しによる内部水圧によって劣化が生じる。

45）法面（のりめん）／［コ］傾斜面をもった切り取り面。

46）ハイドロプレーニング　hydroplaning／［コ］自動車のタイヤが路面の水の上を通過するとき、タイヤと路面の間に水がくさび状に入り込んでタイヤと路面が接触できなくなり、水上スキーのような状態が起きること。自動車は、ブレーキが作動せず車体が滑走してしまう。

47）引張強度　tensile strength／［コ］引っ張る力に抵抗する強さの程度。通常、円柱供試体を横にして圧縮し、割裂させるのに必要な力である。

48）標準養生　standard curing／［コ］標準的で基準となる養生条件のことで、コンクリートの打込み後、温度20℃・湿度80％以上の気中に置き、材齢1日で脱型後20℃の水中に入れて養生すること。

49）表乾状態／［コ］骨材の含水状態を表す用語で、骨材の表面は乾燥しているが、内部は湿潤である状態をいう。正確には「表面乾燥飽水状態」という。

50）ビーライト　C_2S／［セ］セメントクリンカーを構成する主要な化合物の一種で化学式では$2CaO \cdot SiO_2$で表される。エーライトに比べて反応速度が遅く長期にわたる強度発現を担っている。水和熱が小さい特徴をもつ。

51）フェライト相　C_4AF／［セ］セメントクリンカーを構成する化合物の一種で間隙相のひとつ。化学式では$4CaO \cdot Al_2O_3 \cdot Fe_2O_3$で表される。他の化合物に比べて強度発現への影響は小さい。

52）フライアッシュ　fly ash／［セ］火力発電所で微粉炭を燃焼したさいに発生する石炭灰のこと。コンクリートの混和材料として用いることにより、①ワーカビリティーの改善、②水密性、③耐久性の向上などの効果がある。

53）ブリーディング　bleeding／［コ］材料分離の一種。コンクリート打込み後しばらくして余剰の練混ぜ水が上面に浮き出てくる現象。

54）プレキャストコンクリート　precast concrete／［コ］あらかじめ型に詰めたコンクリートの意。工場で製作されたコンクリート製品を指す。

55）プレストレストコンクリート　prestressed concrete／［コ］あらかじめ力を加えた状態にしたコンクリートの意。コンクリートは引張に弱いのであらかじめ圧縮しておくことによりひび割れの発生を抑制でき、曲げの力に対して構造的に抵抗力を増強できる。工場において製作時に圧縮力を加えておくプレテンション方式、現場においてPC鋼材を緊張して圧縮力を加えるポストテンション方式の2種類がある。頭文字をとって「PC」と表現することがある。

56）粉砕機（ミル）／［セ］セメントの原料などを粉状に粉砕する機械。用途別に ①原料調合工程では「原料ミル」、②仕上げ工程では「仕上げミル」、③石炭粉砕用には「石炭ミル」がある。また、形式別に①チューブミル（ボールミル）、②たて型ミル（ローラーミル）、③ロールプレス（主として予備粉砕用）がある。

57）粉末度／［セ］セメントの細かさを表す指標。一定の密度にしたセメントの通気性を測定することにより求めるブレーン比表面積法が使われている。単位は、［cm^2／g］で表される。

58）ポゾラン反応　pozzolanic reaction／［セ］フライアッシュ、けい酸白土、シリカフューム等に含まれる可溶性の二酸化けい素がセメントの水和に伴って生成される水酸化カルシウムと化合して、安定したけい酸カルシウムをつくる反応。

59）曲げ強度　flexural strength／［コ］曲げる力に抵抗する強さの程度。10×10×40cmないし15×15×53cmの直方体の供試体を曲げ折るのに必要な力を計って求める。

60）マスコンクリート　mass-concrete／［コ］「体積の大きなコンクリート」のこと。このようなコンクリートは、セメント水和熱による温度上昇を無視できない。言い換えれば、温度上昇による温度応力を考慮する必要がある大きさのコンクリートということもできる。

61）水セメント比（W／C）water-cement ratio／［コ］モルタルやコンクリートに含まれる水とセメントの質量比。『セメントペーストの濃さ』を表し、この比の大小で強度など硬化したコンクリートの諸性質がおおむね左右される。

62）モノサルフェート化合物／［セ］セメントの水和物の名称。エトリンガイトとアルミネート相C_3Aが反応してできる化合物。

63）養生　curing／［コ］モルタルやコンクリートを所定の形にした（打設あるいは成形と言われる）後、乾燥したり、外力を加えたりして、硬化を阻害したり変形しないよう保護すること。現場的には湿潤状態に保てるよう水を含ませた養生マット等で覆う。強度を試験する場合には、供試体を20℃の水中に入れておくことを指す（標準養生）。

64）予熱装置　pre-heater／［セ］セメントの原料を回転窯（キルン）に入れて焼成する前に、あらかじめキルン排熱や仮焼炉によって熱を上げておく装置。プレヒーターと呼ばれる。

65）ライニング　lining／［コ］裏張り、裏打ち。中身を保護するために施す処置のこと。

66）流動化コンクリート　flowing concrete／［コ］単位水量を増やさずに、高性能減水剤等を添加して流動性を高めたコンクリート。

67）レイタンス　laitance／［コ］ブリーディングと一緒にコンクリート上面に浮いてくる不純物が堆積したもの。

68）レポールキルン／［セ］粉末状の原料に水を噴霧して造粒し、キルンの排熱で仮焼する装置をもった回転窯。

69）ワーカビリティー　workability／［コ］フレッシュモルタルやフレッシュコンクリートの性質のうち、作業しやすさの程度を指す。「ワーカブル」とは作業に適した、ほどよい軟らかさで、しかも材料分離しにくい状態をいう。

セメントを取り扱うさいのご注意

セメントは、次のような性質をもっています。

①セメントに水を加えるとpH12前後の強アルカリ性になります。この性質が鉄筋を錆から護り、鉄筋コンクリートが長期間安定した状態を保てるゆえんです。

②セメントは、水と反応しやすいように粒形20μmほどの微粉末にしてあります。非常に細かいので、発塵しやすいものです。

③セメントには、ごく微量ですが下表に示したような元素が含まれています。その理由は、原料のほとんどに天然鉱物を用いているからです。

普通ポルトランドセメントの微量成分含有量の例（セメント協会の調査による）　（単位:mg/kg）

F（フッ素）	Cr（トータルクロム）	Cr^{6+}（水溶性6価クロム）	Cu（銅）	Zn（亜鉛）	As（ひ素）	Se（セレン）	Cd（カドミウム）	Hg（水銀）	Pb（鉛）
391	97	10.1	140	511	16.7	<1	2.0	0.023	111

以上のような性質により、セメントが目や鼻・皮膚に直接触れると、過敏な体質の方は炎症を起こしたり、多量に吸引すると塵肺になることも考えられます。したがって、セメントやまだ固まらないコンクリートを取り扱うさいには、ゴム手袋・防塵メガネ・マスクなどを着用するほか、覆いや集塵機の使用を奨めます。取り扱い中に異常を感じた場合にはすぐに清水で洗浄し、専門医の診察を受けてください。

コンクリートが固まってしまえば、①～③による弊害はほとんどなくなります。セメント・コンクリートは「ひと」にも「地球環境」にも極めて安全な材料であることは、百数十年のセメントの歴史からも明らかです。

さらに詳しくは、（一社）セメント協会研究所またはセメント会社の研究所へお尋ねください。

資料編

イラスト／泉　昭二　印刷／日経印刷㈱